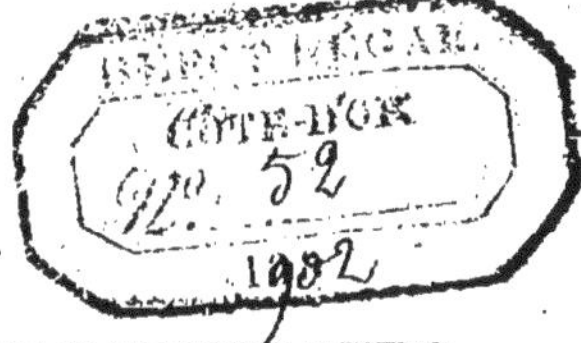

TABLEAUX SYNOPTIQUES

POUR L'ANALYSE ET L'EXAMEN

DES

CONSERVES ALIMENTAIRES

PAR

Charles MANGET

PHARMACIEN MAJOR DE 1re CLASSE
DOCTEUR EN MÉDECINE
DOCTEUR EN PHARMACIE

Avec 13 figures.

PARIS
LIBRAIRIE J.-B. BAILLIÈRE ET FILS
Rue Hautefeuille, 19, près le boulevard Saint-Germain.

1902

TABLEAUX SYNOPTIQUES

POUR

L'ANALYSE ET L'EXAMEN

DES

CONSERVES ALIMENTAIRES

LIBRAIRIE J.-B. BAILLIÈRE ET FILS

COLLECTION DES TABLEAUX SYNOPTIQUES

9 vol. in-16, cart. avec fig. Prix de chaque vol. 1 f. 50.

Analyse et Examen des Conserves alimentaires, par le docteur Ch. Manget, 1902, avec planches . . . . 1 fr. 50

Examen des Tissus et analyse des fibres textiles, par le Docteur Ch. Manget, 1902, 1 vol. in-16, cart. avec planches . . 1 fr. 50

Analyse de l'Eau, par B.-P. Goupil, 1900, 1 vol. in-16 de 75 p., avec fig., cart . . . . 1 fr. 50

Analyse des Engrais, par B.-P. Goupil, 1900, 1 vol. in-16 de 75 p., cart. . . . . 1 fr. 50

Analyse des Farines par F. Marion, ingénieur des arts et manufactures, et Ch. Manget, docteur en médecine, docteur en pharmacie, 1 vol in-16 de 80 p , avec fig., cart. . . . . 1 fr. 50

Analyse du Lait, du beurre et des fromages, par B.-P. Goupil. 1900, 1 vol. in-16 de 75 p., avec fig. cart . . . . 1 fr. 50

Analyse des Urines, par Drevet, 1901, 2e édition, 1 vol. in-16 de 78 p., avec 9 planches, cart . . . . 1 fr. 50

Analyse des Vins, vinaigres, bières et cidres, par B.-P. Goupil, 1900, 1 vol. in-16 de 75 p., avec fig., cart . . . . 1 fr. 50

Bactériologie médicale, par le Dr A. Dupont, 1 vol. in-16 de 80 pages, cartonné . . . . 1 fr. 50

ARNOULD (J.). — **Nouveaux éléments d'hygiène**, 4e *édition*, 1902, 1 vol. gr. in-8 de 1200 p., avec 300 fig. cart. . . . . . . 20 fr.

BEAUVISAGE. — **Les Matières grasses**, beurres, huiles, graisses, suifs et cires. 1892. 1 vol. in-18, avec 90 fig , cart . . . . 4 fr.

BONNET (V.). — **Analyse microscopique des denrées alimentaires.** 1890, 1 vol. in-18, 163 fig. et 20 pl. en coul., cart. . . . 6 fr.

BREVANS (J. de). — **Les Conserves alimentaires.** 1896, 1 vol. in-18 de 396 pages, avec 72 figures, cartonné . . . . . 4 fr.

DEGOIX. — **Hygiène de la table.** 1 vol. in-16 de 160 pages . 2 fr.

ETAIX. — **Manipulations de Chimie**, 1897, 1 vol. in-8, avec 148 fig. . . . . 5 fr.

FONSSAGRIVES. **Hygiène alimentaire** 3e *édition*, 1 vol. in-8. 9 fr.

HALPHEN (G.). — **La Pratique des Essais commerciaux et industriels**, 2 vol. in-18 jésus, cart. (*B. des conn. ut.*) . . . . 8 fr.

HERAUD. — **Les Secrets de l'Alimentation.** 1890, 1 vol. in-16 de 423 p., avec 225 figures, cart. . . . . 4 fr.

JUNGFLEISCH (E.). — **Manipulations de Chimie** 2e *édition*, 1893, 1 vol. gr. in-8 de 1,180 pages, avec 374 fig., cart . . . 25 fr.

MACÉ. **Les substances alimentaires étudiées au microscope**, surtout au point de vue de leurs altérations et de leurs falsifications. 1891, 1 vol. in-8 de 500 pages, 402 fig. et 94 pl. col. . . 14 fr.

MORACHE. — **Traité d'hygiène militaire.** 2e *édition*, 1 vol. in-8 de 926 p., avec 173 fig. . . . . 15 fr.

SOUBEIRAN. — **Dictionnaire des falsifications** et des altérations des aliments, des médicaments. 1 vol. gr. in-8, avec 218 fig. 14 fr.

TABLEAUX SYNOPTIQUES

POUR L'ANALYSE ET L'EXAMEN

DES

CONSERVES ALIMENTAIRES

PAR

Charles MANGET

PHARMACIEN MAJOR DE 1re CLASSE
DOCTEUR EN MÉDECINE
DOCTEUR EN PHARMACIE

Avec 13 figures.

PARIS
LIBRAIRIE J.-B. BAILLIÈRE ET FILS
Rue Hautefeuille, 19, près le boulevard Saint-Germain.

1902

TABLEAUX SYNOPTIQUES

POUR L'ANALYSE ET L'EXAMEN

DES

CONSERVES ALIMENTAIRES

AVANT-PROPOS

La fabrication des conserves alimentaires acquiert chaque jour un développement nouveau. L'agglomération des villes, les approvisionnements des places fortes de la guerre, exigent des réserves de comestibles considérables ; enfin les communications rapides avec les pays étrangers, permettent des échanges de productions inconnues du public, il y a quelques années.

Grâce aux progrès de la science, il est peu de denrées qui ne se puissent conserver ; beaucoup donnent l'illusion des produits frais ; toutes rendent d'immenses services aux ménages et aux voyageurs des pays lointains. Cette production intense a eu pour effet de susciter la fabrication à bon marché ; des industriels peu consciencieux escomptent la difficulté, pour l'acheteur, de reconnaître une conserve loyalement préparée, d'avec une autre d'aussi bel aspect mais de mauvaise conservation.

L'attention des hygiénistes ayant été attirée dans ces dernières années par la fréquence des troubles morbides connus sous le nom de Botulisme, l'Etat, par plusieurs arrêtés, a régi la fabrication des conserves, en même temps qu'il engageait les chimistes à poursuivre leur étude de toutes les altérations possibles.

Un assez grand nombre de travaux ont été faits ; sans parler de tous les auteurs compétents, qui se sont occupés de la question depuis vingt ans, Vaillard, Bousson, de la Commission des conserves de viande de la guerre, et Balland de la section technique de l'Intendance, ont avancé d'un grand pas la chimie des conserves, au point de vue de l'alimentation de l'armée.

Ce sont leurs observations et les nôtres, ainsi que celles de quelques-uns de leurs devanciers, disséminées dans les ouvrages d'hygiène, de chimie, que nous avons réunies, pour en former un tout débarrassé de toute superfluité et ne donnant que le résumé des ouvrages parus.

Ce livre présenté aux chimistes et aux industriels, sous la forme de tableaux synoptiques, comprend dans son ensemble :

Les procédés d'analyses chimiques des éléments d'une conserve ;

La détermination de la valeur alimentaire ;

La recherche des altérations et des produits toxiques ;

L'examen du récipient, au point de vue de l'hygiène.

On y trouvera joints, des tableaux schématiques, résumant les analyses les plus importantes.

Nous pensons que cet ouvrage, présenté aussi succinctement, sera utile à tous ceux qui s'occupent de l'alimentation ; en particulier aux experts chimistes, chargés souvent de la recherche des causes d'intoxication, par les conserves avariées ou de mauvaise qualité.

Nantes, le 21 décembre 1901.

I. — ANALYSE DES CONSERVES ALIMENTAIRES

I. — DIVISION DES CONSERVES

CATÉGORIES

I VIANDE OU POISSON

- **Complète.**
  - 1° Tous les éléments séparés.
    - Viande.
    - Graisse.
    - Bouillon.
  - 2° Tous les éléments associés.
    - Dessiccation.
    - Salaison.
    - Compression.
    - Poudre.
- **Incomplète** . . . . . .
  - Extraits.
  - Bouillons.
  - Tablettes.

II LÉGUMES

- **Au naturel** (en boîte ou récipient).
- **Secs** en vrac.

III DIVERSES

- Fromage.
- Lait concentré.
- Pâtes alimentaires.
- Saindoux.

TABLEAU SCHÉMATIQUE DE LA CO

Légende.
Azote. Matière azotée
Carbone
Graisse
Eau

Bœuf sans os
Foie gras d'oie
Viandes

Morue
Sardine
Harengs salés
Homards
Poissons

Brie
Gruyère
à la pie
Fromages

TION DES PRINCIPAUX ALIMENTS

analyse de Payen

90
85
80
75
70
65
60
55
50
45
40
35
30
25
20
15
10
5

Lentilles. | Pois secs ord.res | Pois cassés. | Châtaignes | Pruneaux. | Lard | Beurre | Truffes.

2. Légumineuses. Fruits.

CONSERVES DE VIANDE

DOSAGES ET RECHERCHES A EFFECTUER

- **Conserve de viande complète.**
  - 1° Examen organoleptique et détermination quantitative (de la teneur en) . . . .
    - Viande.
    - Bouillon.
    - Graisse.
    - page 13
  - 2° Analyse quantitative des éléments. p. 13.
    - A) de la viande.
      - Matières azotées, p. 14.
      - Eau et mat. minérale, 17.
    - B) du bouillon.
      - Extrait sec. p. 18.
        - 1° Extrait dans alcool à 80°, page 21.
        - 2° Résidu gélatineux, p. 19.
      - Matières minérales. p. 26.
        - 1° Acide phosphorique, 30.
        - 2° Chlorures, page 28.
      - Eau (par différence).
    - C) de la graisse.
      - Examen organoleptique.
      - Examen microscopique, p. 39.
  - 3° Examen du récipient au point de vue de l'hygiène, page 81.
    - Etamage, 82.
    - Soudure, 83.
    - Vernis, 86.
  - 4° Détermination de la valeur alimentaire, page 52.
  - 5° Recherche des altérations et des produits toxiques, p. 64 et 71.

CONSERVES DE VIANDE (*Suite*)

DOSAGES ET RECHERCHES A EFFECTUER

- **Conserve de viande incomplète.**
  - Recherches. Examens, § 1, 3, 4, 5 précédents.
  - Dosages.
    - 1° Matières azotées ou azote, page 14.
    - 2° Matières grasses, p. 22.
    - 3° Matières minérales, p. 26.
    - 4° Dosage de l'eau, p. 17.
    - 5° Matières extractives (par différence).

CONSERVES DE LÉGUMES

DOSAGES ET RECHERCHES A EFFECTUER

- Les conserves égouttées sont ramenées à la catégorie des légumes secs.
- L'analyse comprend les dosages :
  - de l'azote, p. 14.
  - de la matière grasse, p. 22.
  - de l'eau, p. 17.
  - de la cellulose, p. 31.
  - des cendres, p. 26.
  - des matières extractives (par différence).
- Voir plan général de l'analyse d'une conserve, page 12.

PLAN GÉNÉRAL DE L'ANALYSE D'UNE CONSERVE

DOSAGES ET RECHERCHES A EFFECTUER

- 1° Examens organoleptique et physique.
  - Aspect. / Odeur. / Saveur. — Variable avec la conserve.
  - Réaction au tournesol.
- 2° Dosage des éléments.
  - Matières azotées, page 14.
  - Matières grasses, pages 13 et 22.
  - Des cendres, pages 28 et 41.
  - De l'eau, pages 17 et 41.
  - Matières extractives (par différence).
- 3° Examen du récipient au point de vue de l'hygiène.
  - Etamage, page 82.
  - Soudure, page 83.
  - Enduit vernissé, page 86.
- 4° Détermination de la valeur alimentaire, page 52.
- 5° Recherches des altérations et produits toxiques.
  - Antiseptiques, page 71.
  - Métaux toxiques, p. 78-79.
  - Ptomaïnes, page 64.
  - Appréciation microbienne, page 69.

II. — ANALYSE DES ÉLÉMENTS D'UNE CONSERVE DE VIANDE

DÉTERMINATION QUANTITATIVE DE LA TENEUR EN VIANDE, BOUILLON ET GRAISSE

PRATIQUE DE CETTE DÉTERMINATION

1. Peser la boîte, (P).
2. Immerger dans l'eau bouillante, pendant un quart d'heure.
3. Retirer, essuyer à sec.
4. Percer le couvercle pour l'entrée de l'air.
5. Ouvrir une fente sur le bord opposé.
6. Laisser couler tout le liquide dans une capsule tarée.
7. Mettre cette capsule au frais, jusqu'à ce que la graisse soit figée.
8. Déterminer l'augmentation de poids de la capsule (A).
9. Retirer la graisse figée en masse.
10. Déterminer l'augmentation de poids de la capsule (B).
11. Ouvrir la boîte.
12. Retirer la viande et la peser (C).
13. Essuyer la boîte et ses morceaux, les peser (D).

CALCULS

Viande = C.
Bouillon = B.
Graisse = (A — B)
Boîte = D.

OBSERVATIONS

Comme vérification, ce total doit être égal au poids de la boîte pleine (P).
Conserver les éléments isolés : viande, bouillon, graisse, boîte, pour les essais divers.

III. — EXAMEN DE LA VIANDE

DOSAGE DE L'AZOTE, PROCÉDÉ KJELDAHL MODIFIÉ

PRATIQUE DE L'ANALYSE

1. Constituer un échantillon moyen, par prélèvement sur plusieurs points de la conserve.
2. Hacher. Faire un mélange bien homogène.
3. Prélever un gramme.
4. Le verser dans un ballon à fond rond, à long col de 250 cc., avec 3 gram. de sulfate de potasse et 0 gr. 50 de mercure mesuré avec un tube capillaire.

Ajouter 20 cc. d'acide sulfurique pur.

5. Le ballon, légèrement incliné sur une toile métallique, doit être porté avec précaution à l'ébullition, sous une hotte à bon tirage.
6. En cas de mousse abondante, la faire tomber par des affusions d'alcool à 90° versé goutte à goutte, sans interrompre le chauffage.
7. Les mousses tombées, continuer l'ébullition, recouvrir l'ouverture du ballon avec un entonnoir à douille taillée en biseau, jusqu'à ce que les gouttes condensées ne produisent plus de bruissement en retombant dans le ballon.

La destruction est terminée, lorsque le liquide est incolore ou à peine jaune paille (une demi-heure environ).

8. Laisser refroidir, pour étendre la liqueur sulfurique, avec environ 100 cc. d'eau distillée, ajoutée rapidement et en agitant.
9. Précipiter le mercure par une solution de monosulfure de sodium, ajoutée tant qu'il y a précipitation et coloration de la liqueur.

Filtrer.

DOSAGE DE L'AZOTE, PROCÉDÉ KJELDAHL MODIFIÉ (*Suite*)

PRATIQUE DE L'ANALYSE (*Suite*)

10. Verser le liquide filtré et les eaux de lavage, dans le ballon de l'appareil Schlœsing.
11. Après refroidissement, ajouter:

Teinture de tournesol.	quelques gouttes.
Lessive de soude . .	*q. s.* jusqu'à virage au bleu.
Lessive de soude en excès, environ . .	50 cc.
Pierre ponce calcinée.	4 gr.
Eau distillée. . . .	*q. s.*, jusqu'aux 3/4 du ballon.

12. Monter l'appareil Schlœsing. Plonger le tube effilé dans une fiole conique de 125, contenant 20 cent. cubes de liqueur normale d'acide sulfurique, colorée en rouge par le tournesol.
13. Distiller et arrêter l'opération, quand une goutte, sortant du tube d'étain, ne colore pas en bleu le papier de tournesol (environ 1/2 heure d'ébullition).
14. Laver le tube effilé de l'appareil, à l'eau distillée au-dessus de la fiole conique.
15. Titrer la liqueur sulfurique, au moyen de la liqueur normale de potasse.
16. Moins de 20 cent. cubes de liqueur seront nécessaires ; l'ammoniaque obtenue par distillation, ayant neutralisé une partie de l'acide.

CALCUL

Les deux liqueurs normales sont équivalentes ; chaque centimètre cube d'acide normal saturé par l'ammoniaque condensé correspond à 0.014 gram. d'azote.

Si N cent. cubes de potasse ont neutralisé l'acide restant de la liqueur :

DOSAGE DE L'AZOTE, PROCÉDÉ KJELDAHL MODIFIÉ (*Suite*)

CALCUL (*Suite*)

$$(20 - N) \times 1,4$$

représentera l'azote de cent gram.

Il est admis, qu'un gramme d'azote correspond à 6,25 gram. de matières azotées ; le poids des matières azotées de 100 grammes de conserve, sera donc exprimé par :

$$(20 - N) \times 0,014 \times 6,25 \times 100.$$

$$\text{Soit } (20 - N) \times 8,75.$$

INTERPRÉTATION

Le coefficient 6,25 est généralement adopté en France pour les matières azotées ; cependant l'expérience a démontré qu'il était un peu fort, pour la *caséine* en particulier.

Payen recommande le chiffre de 6 dans ce cas.

Les matières azotées, multipliées par 0,16, donnent la teneur en Azote.

REMARQUES

Après l'attaque, étendre l'acide sulfurique d'eau distillée ; agir avec précaution, car il se produit une brusque élévation de température.

Répartir la chaleur en agitant le ballon.

Maintenir une température régulière, pendant la distillation, afin d'éviter des rentrées de liquide sulfurique, dues à la diminution de pression.

En fin d'opération, retirer le tube effilé de l'appareil.

Eteindre.

La ponce pulvérisée doit être fine et gagner le fond du ballon, pour favoriser l'ébullition.

La dilatation sera d'autant plus facile à conduire, qu'il y aura davantage de liquide dans le ballon d'un litre.

Dans le cas d'une forte ascension d'acide, retirer vivement le tube de l'appareil. Le remettre ensuite, pour faire descendre la liqueur acide. Forcer la flamme.

DOSAGE DE L'EAU ET DE LA MATIÈRE MINÉRALE

DOSAGE DE L'EAU

1. Constituer un échantillon moyen, par prélèvement sur plusieurs points de la conserve ou de la viande.
2. Hacher, faire un mélange bien homogène.
3. Prélever 20 gram. dans une capsule tarée à fond plat, de 8 centimètres de diamètre (P).
4. Evaporer au bain-marie d'abord.
5. Achever l'évaporation à l'étuve de Wiesnegg à 105°.
6. Placer sous l'exsiccateur.
7. Prendre le poids (P').
8. Répéter les opérations, § 5, 6, 7, jusqu'à pesées concordantes.

CALCUL

$(P'—P) \times 5 =$ La teneur en eau pour cent.

DOSAGE DES MATIÈRES MINÉRALES

Avec la capsule précédente se reporter aux opérations 2, 3... 19° (page 26).

OBSERVATIONS

L'incinération de la viande est une opération laborieuse ; elle exige souvent des lavages répétés. Les cendres ont un aspect ocreux, dû au phosphate de fer.

IV. — EXAMEN DU BOUILLON.

DOSAGE DE L'EXTRAIT SEC

PRATIQUE DE L'ANALYSE

1. Chauffer le bouillon obtenu (page 13) à 60° environ.
2. Passer à l'étamine.
3. Tarer une capsule à incinération, de 8 mm. de diamètre (P).
4. Recueillir 20 gr. de bouillon clair.
5. Evaporer au bain-marie d'abord, jusqu'à consistance sirupeuse.
6. Achever l'évaporation à l'étuve de Wiesnegg à 105°.
7. Placer sous exsiccateur.
8. Prendre le poids de l'extrait.
9. Répéter les opérations § 6, 7, 8 jusqu'à pesées concordantes (P').

CALCUL

Composition centésimale du bouillon, en

Extrait sec = (P' – P) × 5.

REMARQUES

Relever la température de l'étuve (§ 6) non au thermomètre habituel, mais sur un thermomètre intérieur, plongeant dans un bain d'huile, à proximité de la capsule.

DOSAGE DE L'EXTRAIT GÉLATINEUX

PRATIQUE DE CETTE ANALYSE

1. Chauffer le bouillon obtenu (page 13) à 60° environ.
2. Passer à l'étamine
3. Prélever dans un vase taré, 20 gram. de bouillon clair, porté à la température de 25° à 27°.
4. Verser ce bouillon, dans un vase à précipité de 125 cent. cubes.
5. Peser dans le vase taré devenu libre, 100 gram. d'alcool à 80°.
6. Agiter, pour entraîner les dernières traces de bouillon.
7. Verser l'alcool goutte à goutte et agiter doucement le mélange, pour éviter la formation de grumeaux volumineux.

L'alcool doit se diluer peu à peu, dans la solution aqueuse de bouillon.

8. Recouvrir le récipient et le maintenir pendant 24 heures à 20° environ.

Par le repos :

La *gélatine* se dépose ainsi que les matières extractives.

Les *sels* restent en dissolution.

9. Décanter le liquide alcoolique.
10. Filtrer sur deux filtres équilibrés.
11. Faire tomber sur le filtre double la masse caséeuse de gélatine.

DOSAGE DE L'EXTRAIT GÉLATINEUX

PRATIQUE DE CETTE ANALYSE (*Suite*)

12. Laisser égoutter et arroser avec quelques cent. cubes d'éther, pour entraîner l'alcool.
13. Sécher les filtres à 100°.
14. Après refroidissement sous exsiccateur, peser.
15. Répéter les opérations § 13 et 14, jusqu'à pesées concordantes.
16. Séparer les filtres.
17. Peser la surcharge du filtre intérieur (Pg).
18. Conserver les solutions filtrées.

CALCUL

Pg × 5, composition centésimale du bouillon en extrait.

DOSAGE DES PRINCIPES SOLUBLES DANS L'ALCOOL A 80°

RÉACTIF	**Alcool à 80°** { Alcool à 95°. . . 796 gr. Eau distillée. . . 204 —
PRATIQUE DE CETTE ANALYSE	1. Evaporer au bain-marie, dans une capsule de platine tarée, les solutions alcooliques ayant servi au dosage de l'extrait gélatineux (page 20, § 18). 2. Achever la dessiccation à l'étuve, entre 100 et 103°. 3. Porter sous l'exsiccateur. 4. Peser après refroidissement (P). 5. Répéter les opérations § 2, 3, 4, jusqu'à pesées concordantes.
CALCUL	5 × P, composition centésimale des principes du bouillon, solubles dans alcool à 80°.
REMARQUE	**Extrait gélatineux.** **Matières solubles dans alcool à 80°** } Extrait sec.

V. — DOSAGE DES MATIÈRES GRASSES

APPAREILS ET RÉACTIF

1. Tube à épuisement de 2 centimètres de diamètre sur 30 de hauteur.
2. Vase à dessiccation taré (P).

Ligroïne. Sulfate de soude calciné. Carbonate de soude calciné.

MODE OPÉRATOIRE

1. Prendre un poids déterminé (5 gram.) comme il est dit page 26.
2. Pulvériser dans un mortier avec 20 gr. de sulfate de soude anhydre et 1 gr. de carbonate de soude calciné.
3. Abandonner le mélange sous une cloche pendant une demi-heure.
4. Jeter le mélange dans le tube à épuisement, garni d'un tampon de coton hydrophile.
5. Verser 30 ou 40 cent. cubes de ligroïne.
6. Boucher l'ouverture supérieure du tube, avec un tampon de coton.
7. Recueillir la ligroïne dans un vase à dessiccation taré (P).
8. Verser de nouveau, par affusion, jusqu'à ce qu'une goutte de ligroïne, recueillie à la sortie du tube, ne laisse aucune trace sur le papier.
9. Plonger le vase à dessiccation dans l'eau chaude, renouvelée de temps en temps, jusqu'à résidu pâteux.

(Ecarter toute flamme, se reporter aux observations).

10. Porter le vase et son couvercle dans l'étuve à 105°, pour achever la dessiccation.
11. Retirer. Déposer dans exsiccateur.
12. Peser après refroidissement.
13. Répéter les opérations § 8 et 9 jusqu'à pesées concordantes.

DOSAGE DES MATIÈRES GRASSES (*Suite*)

CALCUL	20. (P' — P) = poids de la matière grasse pour cent gram.
OBSERVATIONS	1. Ne pas oublier, au cours des manipulations, que la ligroïne est un *corps dangereux*. 2. Opérer l'épuisement dans une hotte. 3. Laver à la ligroïne la pointe de l'appareil à épuisement, si formation de dépôt gras.

TABLEAU SCHÉMATIQUE DE LA C

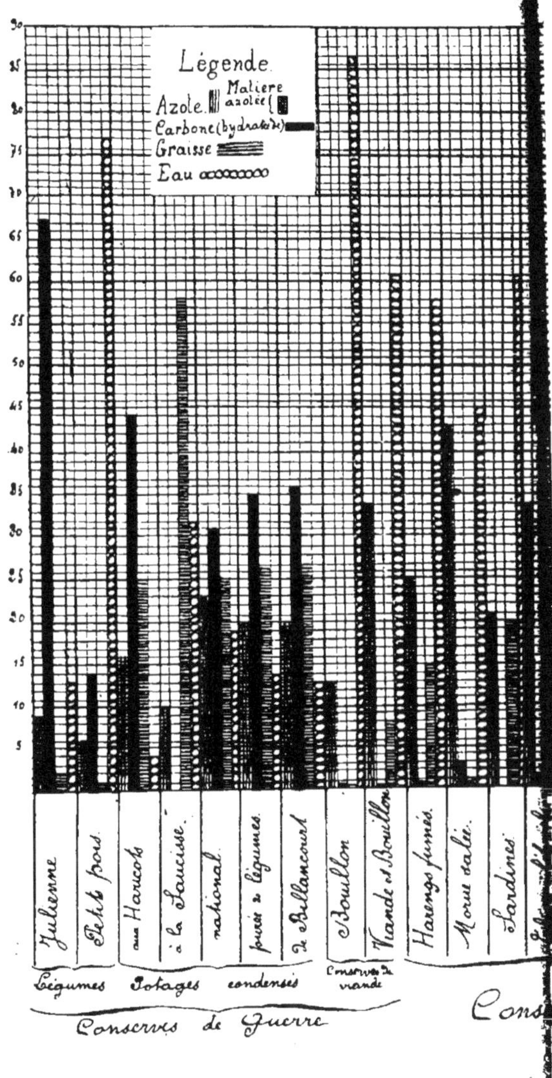

TION DE QUELQUES CONSERVES

analyses de Balland

90
85
80
75
70
65
60
55
50
45
40
35
30
25
20
15
10
5

Choux desséchés
Pommes de terre.
Haricots verts desséchés
Cèpes.
Haricots verts au naturel
Petits Pois au naturel
Choucroute.
Pain de Guerre.
Pain de Munition.
Pain de fantaisie
Riz.
Tapioca.

du Commerce.

VI. — DOSAGE DES MATIÈRES MINÉRALES

DOSAGE DE LA MATIÈRE MINÉRALE TOTALE

PRISE DE L'ÉCHANTILLON

Viande.
1. Constituer un échantillon moyen, par prélèvements sur divers points de la boîte.
2. Hacher finement, et former un mélange bien homogène.

Bouillon. Incinérer directement l'extrait obtenu (page 18).

Légumes.
Secs :
Prélever dans les différents points de la masse.
Au naturel :
1. Ouvrir la boîte, égoutter la conserve.
2. Constituer un échantillon moyen.
3. Faire au mortier un mélange homogène.

MODE OPÉRATOIRE

1. Tarer une petite capsule en porcelaine à fond plat, de 8 cm. de diamètre (capsule de Berlin), après calcination et refroidissement sous l'exsiccateur.
2. Déposer la capsule contenant 20 gram. de la substance à analyser, à l'orifice d'un four à incinération.
3. Porter au rouge sombre et chauffer modérément, pour éviter un dégagement trop brusque de fumée

Lorsque la matière s'est enflammée, on obtient une combustion plus régulière, qu'on active en divisant la masse avec un fil de platine.

DOSAGE DE LA MATIÈRE MINÉRALE TOTALE (*Suite*)

MODE OPÉRATOIRE (*Suite*)

4. Pousser la capsule au milieu du moufle.
5. Ramener à l'entrée, quand le charbon ne dégage plus de fumée et qu'il est devenu bien friable.
6. Laisser refroidir.
7. Mouiller le charbon avec de l'eau chaude.
8. L'écraser, le réduire en poudre fine, à l'aide d'une baguette en verre, terminée en disque.
9. Ajouter environ 15 cent. cubes d'eau distillée.
10. Porter à l'ébullition.
11. Décanter et jeter sur un filtre ne donnant aucune cendre (papier Schleicher et Schüll n° 589).
12. Laver le charbon et le filtre, jusqu'à ce qu'une goutte de la liqueur filtrée n'abandonne aucun résidu sur une lame de platine chauffée.
13. Réunir la solution et les eaux de lavage, dans une capsule tarée.
14. Dessécher à 105°.
15. Peser après refroidissement sous l'exsiccateur (P).
16. Après dessiccation, porter de nouveau au moufle, la capsule plate contenant le charbon lavé.
17. Blanchir les cendres.
18. Eteindre le moufle, laisser refroidir.
19. Peser après passage sous exsiccateur (P').

CALCUL

$(P + P') \times 5 =$ Teneur pour cent. en matières minérales totales.

OBSERVATIONS RELATIVES A CETTE OPÉRATION

1. Ne pas élever la température du moufle jusqu'au rouge vif ; l'incinération doit se terminer au rouge sombre.
2. Eviter la formation d'une scorie fusible, qui englobérait les dernières parties du charbon et empêcherait leur combustion.

DOSAGE DE LA MATIÈRE MINÉRALE TOTALE (*Suite*)

REMARQUE SUR LE BOUILLON DE CONSERVE

Les cendres de l'extrait de bouillon d'une conserve normale, *scrupuleusement* préparée (sans gélatine artificielle), renferment de l'acide phosphorique et des chlorures, comme celles d'un extrait de viande physiologique.

Proportions relatives.
- 3 *parties* d'acide phosphorique.
- 1 *partie* de chlore.

USAGE DES CENDRES

1. Dosage.
   - de l'acide phosphorique.
   - des chlorures.
2. Recherche.
   - de l'acide borique.
   - du plomb, du cuivre, etc.

DOSAGE DU CHLORURE DE SODIUM

MATÉRIEL ET RÉACTIF

Ballon jaugé de 50 cc.
Burette graduée.
Acide azotique à 1/2.
Solution déci-normale d'azotate d'argent.
Carbonate de chaux précipité.
Chromate neutre de potasse au 1/10.

MODE OPÉRATOIRE

1. Reprendre les cendres (p. 27) d'une conserve, par l'acide azotique étendu de son volume d'eau.
2. Ajouter 10 à 15 c. c. d'eau bouillante, agiter.
3. Filtrer sur un filtre sans pli, déposé sur un ballon de 50 cc.
4. Laver la capsule et le filtre, par des affusions successives d'eau distillée, jusqu'à volume total de 50 cc. à la température ordinaire.

Agiter pour obtenir l'homogénéité.

5. Prélever 25 cc., conserver le surplus pour le dosage de l'acide phosphorique (page 30).

DOSAGE DU CHLORURE DE SODIUM (*Suite*)

MODE OPÉRATOIRE (*Suite*)	6. Neutraliser, en délayant du carbonate de chaux chimiquement pur, précipité et délayé. 7. Ajouter II à III gouttes d'une solution de chromate neutre de potasse. 8. Verser la solution déci-normale de nitrate d'argent, avec une burette graduée, jusqu'à coloration rouge brique, persistante après agitation. 9. Relever sur la burette le volume de solution titrée employée.	
CALCUL	Soit (n^{cc}) Ce volume exprimé en cent. cubes. $n^{cc} \times 0^{gr},00585$ = chlorure de sodium de 25 cc. soit 10 gr. de conserve. $n^{cc} \times 0,0585$ = chlorure de sodium de 100 gr. de conserve.	
INTERPRÉTATION	**Le chlorure de sodium dans la conserve de bœuf peut être :**	1° *Normal*, correspond à 3 parties d'acide phosphorique. 2° *Ajouté*, évaluer, en se basant sur la donnée précédente.

DOSAGE DE L'ACIDE PHOSPHORIQUE

MATÉRIEL ET RÉACTIFS

Burette graduée.

1. Solution titrée d'azotate d'urane.
2. Solution
   - Acétate de soude . . . 100 gr.
   - Acide acétique cristallisé. 50 cc.
   - Eau. *q. s.* . . . . 1000 cc.
3. Solution de ferrocyanure de potassium au 1/10.

MODE OPÉRATOIRE

1. Déposer de place en place, sur une soucoupe blanche, des gouttes de solution de ferrocyanure de potassium au 1/10.
2. Mettre les 25 cc. restants de solution acidulée et filtrée des cendres (page 28, § 5), dans un vase à précipité.
3. Ajouter :
   25 cc. d'eau distillée.
   5 — de solution acétique d'acétate de soude.
4. Chauffer au bain-marie.
5. Verser avec une burette graduée, en agitant fréquemment, de la solution d'urane, mesurant 0 gr. 005 (P^2-O^5) par cent. cubes.
6. Prélever une goutte de la solution.

La mettre en contact avec une goutte de ferrocyanure.

Si aucune coloration ne se produit, répéter les opérations § 5-6.

7. Terminer, au moment précis où se révèle la *teinte chamois.*
8. Relever sur la burette, le volume de solution titrée, soit : n^{cc}.

CALCUL

$1^{cc} = 0$ gr. 005 d'*anhydride phosphorique* (p^2,O^5)

$n^{cc} \times 0 - 005$ — de 25 cc.

$n^{cc} \times 0 - 005$ — de 10 gr. de conserve.

$n^{cc} \times 0 - 05$ — de 100 —

VII. — DOSAGE DE LA CELLULOSE

Procédé Balland.

MODE OPÉRATOIRE

1. Peser 25 gr. de légumes.
2. Les verser dans une capsule en porcelaine, avec 150 cent. cubes d'acide chlorhydrique à 5/100.
3. Porter à l'ébullition.

Chercher à diviser la masse, à l'aide d'une baguette de verre terminée en disque.

4. Maintenir l'ébullition (20 minutes environ); agiter jusqu'à transformation complète de l'amidon, qui ne doit plus se colorer au contact de l'eau iodée.
5. Jeter après refroidissement la liqueur bouillante en une fois, sur un filtre sans pli, préalablement humecté avec de l'eau chaude.
6. Laisser égoutter, essorer le filtre.
7. Détacher le résidu ; au besoin laver le filtre avec de l'eau chaude.
8. Répéter les opérations § 2-3-4, avec le résidu et une solution de potasse à 5/100.

Agiter comme précédemment avec une baguette de verre; éviter toute carbonisation sur les bords.

9. Répéter l'opération § 5.
10. Rincer la capsule, avec un peu de lessive alcaline.
11. Filtrer les eaux de lavage.
12. Laver le résidu à l'aide d'une fiole à jet, à eau chaude ; rassembler la cellulose au fond du filtre et enlever par lavage toute trace d'alcali.

DOSAGE DE LA CELLULOSE (*Suite*)

MODE OPÉRATOIRE (*Suite*)	13. Laisser égoutter. 14. Reprendre le lavage avec de l'alcool à 95°. 15. Terminer par un peu d'éther. 16. Enlever la cellulose sur une lame de verre tarée. 17. Peser après dessiccation et refroidissement sous exsiccateur (P).
CALCUL	(P × 4) = Poids de la cellulose pour cent.

VIII. — CONSERVE DE VIANDE DE L'ARMÉE

Résumé du cahier des charges de la guerre.

PRÉPARATION INDUSTRIELLE

- **Viande nette 1454 gr.**
  - *Viande crue 1379 gr.*
    - Viande blanchie (bouilli) . 800 gr } 1 k.
    - Bouillon 579 gr.
      - Bouillon 200 gr. { gelée. / graisse. } 200 gr
      - après concentration et dégraissage. — Evaporation 379 gr.
  - *Déchets* (graisse de couverture, os, aponévrose, tendons, 75 gr.

QUALITÉS REQUISES

- **Gelée.**
  - Limpide.
  - Couleur ambrée plus ou moins foncée
  - Liquéfaction au-dessus de 16° (peut se relever avec l'appareil décrit, page 35).
  - *Sans germes revivifiables.*
- **Boite.**
  - Peinture inoffensive (non plombifère).
  - Soudures externes. (Tolérance 66 pour cent de plomb).
  - Capsule de fermeture à l'étain fin.

COMPOSITION ÉLÉMENTAIRE D'UNE BOITE DE 1 KIL.

- A) **Bouilli bien paré** . . . . . . 800 gr.
- B) **Graisse interstitielle,** après stérilisation 2 heures à 118°, maximum. 60 —
- G) **Gelée 0 gr. 140 au maximum.**
  - *Extrait* 12/100, soit 16 gr. 80.
    - Extrait par alcool à 80°. / Résidu gélatineux. — 16 gr. 80
  - *Matières minérales* $\frac{1.30}{100}$, soit P = 1gr,82.
    - Chlorures physiologiques $\frac{P}{4.}$ — 0 gr. 455
    - Acide phosphorique $\frac{3\ P.}{4.}$ — 1 gr 365
  - *Eau*, par différence.

II. — CONSERVES DIVERSES

SAINDOUX

QUALITÉS PHYSIQUES

- Doit être blanc.
- Légèrement grenu.
- Consistance ferme.
- Complètement soluble dans l'éther (*sans eau, ni matières étrangères minérales*).
- Sans action sur le papier de tournesol mouillé (*rancissure*).
- Former par fusion, lorsqu'il est de *préparation récente, un liquide limpide* et sans dépôt.
- *Ne pas dégager de vapeurs irritantes*, sous l'action du feu nu (*sans suif de mouton*).
- Fondre entre + 26 et + 31°.
- Avoir un point de turbidité au-dessous de 30°.

RECHERCHE DES GRAISSES VÉGÉTALES

1. Introduire 2 ou 3 gram. de saindoux dans un tube à essai.
2. Ajouter :

Chloroforme	5 cc.
Solution de phosphomolybdate de soude.	2 cc.
Acide azotique	qq. gouttes.

3. Agiter vigoureusement le mélange.

Dans le cas de graisse végétale.

1. Coloration vert émeraude.
2. Séparation après repos.
   1. Couche inférieure chloroformique incolore.
   2. Couche supérieure vert émeraude, virant au bleu par addition d'ammoniaque à sursaturation.

SAINDOUX (*Suite*)

RECHERCHE DU BEURRE DE COCO		1. Faire fondre 10 à 15 gram. d'axonge au bain-marie, dans une capsule en porcelaine. 2. Ajouter 20 cent. cubes, environ, d'une solution au 1/10 de potasse, dans alcool à 80°, voir formule, page 21. 3. Chauffer au bain-marie, jusqu'à éclaircissement de la masse. Agiter constamment. 4. Evaporer au bain-marie, jusqu'à consistance sirupeuse. 5. Ajouter peu à peu de l'acide sulfurique au 1/10 ; après agitation prolongée, la réaction doit être franchement acide. 6. Continuer de chauffer quelques instants. 7. Jeter sur un filtre Berzelius mouillé. 8. Laver les acides gras précipités. 9. Les reprendre dans un tube, avec un mélange d'acide sulfurique et d'alcool absolu. 10. Chauffer. 11. Odeur caractéristique très manifeste d'*éther coccinique*, rappelant le coco.
POINT DE FUSION ET RECHERCHE DE LA GRAISSE ANIMALE PAR LE POINT DE TURBIDITÉ	Appareil. Manget	1. Un tube à parois minces (B), de 10mm de diamètre, sur 5 centimètres de hauteur ; traversant à frottements durs, la broche d'un flacon à large ouverture (bocal) pour nitrate d'argent (de 0,04 de diamètre intérieur). 2. Un agitateur annulaire. 3. Un thermomètre divisé en 1/5 de degré, descendant à 1mm du fond du tube.

SAINDOUX (*Suite*)

Appareil. (*Suite*)

4. Un siphon, relié au réservoir du thermomètre, par deux colliers en caoutchouc, diamètre d'ouverture 3mm.

Différence de niveau 7 centimètres.

POINT DE FUSION ET RECHERCHE DE LA GRAISSE ANIMALE PAR LE POINT DE TURBIDITÉ (*Suite*)

1. Placer dans (B), un tube en verre de petit diamètre.
2. Charger de graisse, la comprimer pour chasser l'air.
3. Amorcer le siphon, avec de l'huile teintée à l'orcanette et fermer provisoirement la grande branche.
4. Retirer le tube creux.
5. Enfoncer le système dans la masse homogène de graisse ; après l'opération enlever les bavures.
6. Chauffer très lentement l'eau du flacon (A).

Répartir la chaleur de l'eau par l'agitation et celle de la graisse, par un mouvement de rotation du système.

7. Rendre libre la grande branche du siphon, quand le corps, de l'état pâteux, est sur le point de devenir liquide.
8. Relever la température de fusion, au moment où la graisse liquide se siphonne bien.
9. Retirer le siphon, atteindre 80° et éloigner la source de chaleur.
10. Laisser refroidir la masse liquide restante, et noter la température du point de turbidité, au moment de l'apparition d'un léger nuage au fond du tube.

SAINDOUX (*Suite*)

POINT DE FUSION ET RECHERCHE DE LA GRAISSE ANIMALE PAR LE POINT DE TURBIDITÉ (*Suite*)	Conclusions	Lorsque le point de turbidité est supérieur à 29°, et la remonte thermométrique, pendant le refroidissement, inférieure à 1°4 ; on peut, d'après Breuil, conclure presque sûrement à une addition de suif de mouton ou de bœuf.

RECHERCHE DE LA VASELINE

USAGE	Assez rarement mélangée au *saindoux*. Sert souvent de couverture à certaines conserves : *foies gras*, *Rillettes*, *conserves de porc*, etc.
MODE OPÉRATOIRE	1. Faire fondre au bain-marie 10 à 15 gram. de graisse, prélevée à la surface de la conserve suspecte. 2. Ajouter 20 cent. cubes environ d'une solution à 1/10 de potasse dans alcool à 80°. 3. Continuer l'échauffement et agiter constamment pendant une demi-heure. 4. Evaporer jusqu'à consistance sirupeuse. 5. Laisser refroidir. 6. Ajouter de l'eau distillée froide. 7. Filtrer sur filtre mouillé. 8. Caractériser la vaseline insoluble, par ses *propriétés chimiques négatives* et son point de fusion, compris entre + 30° et + 43°.

RECHERCHE DES SUBSTANCES ÉTRANGÈRES

RECHERCHE DES GRAISSES VÉGÉTALES PAR L'EXAMEN DE LA MARQUE DE PROVENANCE	Relever la marque du saindoux sur les baquets, seaux, firkins, tierçons non ouverts.		
	Sont annoncées pures les marques:	Amour. Jean Crozet (marque étoile). Chabertyne. Fowler. Karolus. Wilcox.	
	Sont déclarées mélangées de graisses végétales les marques :	Anderson. Comète. Fairbant. Probeaty et Cie. Royal-Lily. Swift. Vail Brothers. Marque (ancre).	
RECHERCHE DES FALSIFICATIONS PAR DES AGENTS	**1° Antiseptiques.**	Borates, p. 71. Formol, p. 72. Bisulfite, p. 76.	
	2° Emulsionnants permettant addition d'eau.	Caséate d'ammoniaque. Alun. Chaux. Chlorure de sodium.	Graisse incomplètement soluble dans éther.
	3° Blanchiment.	Potasse. Carbonates alcalins.	Les substances minérales se retrouvent dans les cendres.

RECHERCHE DES SUBSTANCES ÉTRANGÈRES (*Suite*)

RECHERCHE DES MÉTAUX TOXIQUES	1° **Plomb.**	Stéarates, oléates, plombiques, toxiques, en formation dans les poteries vernissées au composé de plomb fusible, page 86. Recherche, page 86.
	2° **Cuivre.**	Stéarate métallique dans les vases de cuivre. (*Coloration bleue de la graisse, traitée par de l'ammoniaque*).

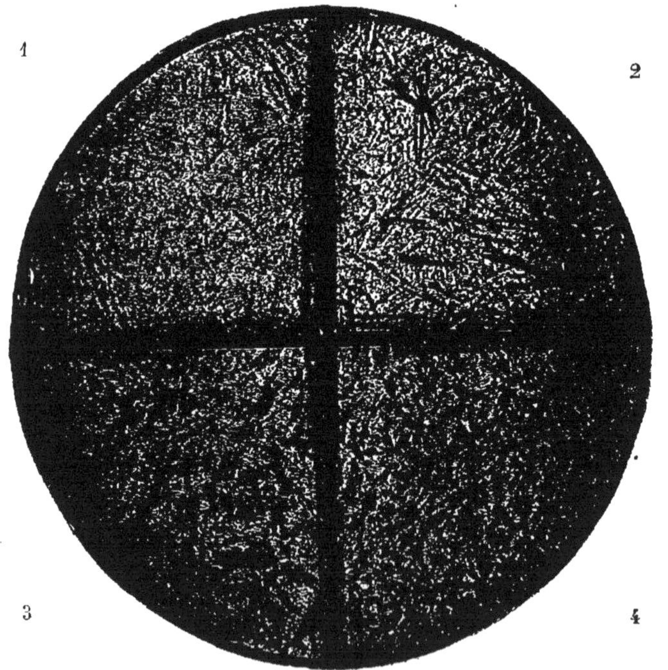

Fig. 3. — Caractères microscopiques des acides gras : 1, suif de mouton ; 2, suif de veau ; 3, axonge ; 4, suif de bœuf, d'après une photographie de Padé et Dubois.

RECHERCHE DES SUBSTANCES ÉTRANGÈRES (*Suite*)

EXAMEN DU SAINDOUX AU MICROSCOPE

Écraser une trace de saindoux entre deux lamelles.

Axonge, se montre en fines aiguilles cristallisées, réunies par groupe de 3 ou 4 (fig. 3).

Matières étrangères

1. *Huiles*, reconnaissables au grand nombre de gouttelettes entre les cristaux.
2. *Amidons*, caractérisés par leur hile, colorés en bleu par l'iode.
3. *Eau*, gouttelettes entre les cristaux, volatiles par la chaleur.
4. *Chlorure de sodium*, cristaux cubiques (assez fréquent).
5. *Substances étrangères*, plâtre, craie (rares).
6. *Parasites* (rares). Cysticerque. Trychine. pages 62-63

ANALYSE D'UNE CONSERVE DE LAIT

COMPREND

1. Analyse organoleptique et examen physique.

- Couleur.
- Saveur.
- Odeur.
- Réactions au tournesol.
- Examen au microscope.

2. Dosage des éléments.

- Eau.
- Extrait.
- Cendres.
- Matière grasse.
- Lactose.
- Sucre.
- Caséine (par différence).

ANALYSE D'UNE CONSERVE DE LAIT *(Suite)*

COMPREND

3. **Examen de la valeur alimentaire**, page 52.
4. **Recherche des antiseptiques et des métaux toxiques**, page 71.
   - Plomb.
   - Cuivre.
   - Borate de soude.
   - Carbonate de soude.
   - Formol.
   - Saccharine.
5. **Examen du récipient**, page 81.
   - Etamage.
   - Soudure.

DOSAGE DE L'EXTRAIT, DE L'EAU, DES CENDRES

DOSAGE DE L'EXTRAIT SEC ET DE L'EAU

1. Diluer le contenu d'une boîte, aussi parfaitement que possible, pour obtenir en volume une solution au 1/10.
2. Prélever 10 cent. cubes.
3. Les verser dans une capsule à incinération à fond plat, de 6 centimètres de diamètre, préalablement tarée (P).
4. Evaporer au bain-marie, jusqu'à pesées concordantes.
5. Porter sous l'exsiccateur.
6. Prendre le poids (P').

DOSAGE DES CENDRES

7. Porter à l'entrée du moufle à incinération.
8. Briser le charbon.
9. Blanchir les cendres au rouge sombre.
10. Laisser refroidir.
11. Porter sous l'exsiccateur.
12. Peser (P").

DOSAGE DE L'EXTRAIT, DE L'EAU, DES CENDRES (*Suite*)

CALCULS

1. *Poids de l'extrait pour cent* = 100 (P'—P).
2. *Teneur en eau* — = [P'—(P+1)] 100.
3. *Poids des cendres* — = 100 (P'' — P).

OBSERVATIONS

1. L'*extrait* obtenu, ne doit donner aucune coloration avec l'eau iodée (amidon-dextrine).
2. Les *cendres* du lait, contiennent normalement une faible quantité de sels alcalins, toujours inférieure à 1 gramme.

Un dosage alcalimétrique, caractériserait une addition de carbonate de soude, en tenant compte de la concentration du lait.

Les *cendres ne doivent pas faire effervescence avec les acides.*

DOSAGE DU BEURRE

Méthode Lecomte.

RÉACTIFS

Sulfate de soude anhydre, par calcination.
Carbonate de soude anhydre, par calcination.
Ether anhydre.

APPAREIL

Tube en verre effilé, long de 0m,20, large de 0m,03, muni à l'intérieur vers sa pointe, d'un fort tampon de coton hydrophile, recouvert de 2 à 3 gr. de sulfate de soude anhydre; le tout lavé à l'éther.

DOSAGE DU BEURRE (*Suite*)

MODE OPÉRATOIRE

1. Diluer le contenu d'une boîte de conserve, aussi parfaitement que possible, pour obtenir en volume une solution au 1/10.
2. Pulvériser finement dans un mortier sec, un mélange de 20 gr. de sulfate de soude anhydre et de 1 gr. de carbonate de soude.
3. Ajouter 10 cc. de lait étendu, page 41, prélevés après agitation.
4. Triturer, pour obtenir une masse homogène.
5. Abandonner le tout sous cloche, pendant une demi-heure.
6. Placer la poudre composée dans l'appareil.
7. Laver le mortier, avec une petite quantité de sulfate de soude anhydre.
8. Epuiser par de l'éther.
9. Recueillir dans un vase à dessiccation taré (P).
10. Continuer les affusions d'éther, jusqu'à ce qu'une goutte de ce liquide ne tache plus le papier à sa sortie.
11. Plonger le vase à dessiccation dans de l'eau chaude, renouvelée de temps à autre, jusqu'à résidu pâteux.
12. Porter le vase et son couvercle à l'étuve à 105°, pour achever la dessiccation.
13. Retirer, déposer dans exsiccateur.
14. Peser après refroidissement.
15. Répéter les opérations § 12 et 13, jusqu'à pesées concordantes (P').

CALCUL

Rapporter le poids de la matière grasse à 100 gr. de conserve, par la formule :

$$100 (P' - P).$$

OBSERVATION

Se reporter à la page 23.

DOSAGE DE LA LACTOSE

APPAREILS ET RÉACTIFS

Ballon jaugé de 500 cc.
Burette graduée en 1/10 de c. c.

Acide acétique.
Liqueur de Fehling dont 1 cc. mesure (t) de glucose

Soit $t \times 1{,}27 =$ lactose anhydre.

ou $\dfrac{t \times 1.27 \times 19}{20} =$ lactose hydratée.

MODE OPÉRATOIRE

1. Prélever 10 gr. de lait concentré, ou 100 cc. de la solution 1, page 43.
2. Les verser dans un ballon de 500 cc.
3. Ajouter V à VI gouttes d'acide acétique.
4. Compléter le volume à 500 c. c., avec de l'eau distillée.
5. Agiter, filtrer.
6. Garnir une burette graduée.
7. Introduire 5 cc. de liqueur de Fehling, dans un tube à essai.
8. Porter la liqueur bleue à l'ébullition.
9. Verser le liquide filtré peu à peu, avec précaution, sans interrompre l'ébullition, au moyen de la burette, jusqu'à décoloration de la liqueur cuivrique.
10. Relever le nombre de cent. cubes employés (n).

CALCUL

$$\textit{Lactose de 10 de lait} = \frac{5 \times t \times 1{,}27 \times 500}{n}$$

$$\textit{Lactose de 100 de lait} = \frac{5 \times t \times 1{,}27 \times 500 \times 10}{n}$$

$$= \frac{31750 \times t}{n}$$

DOSAGE DE LA LACTOSE (*Suite*)

CALCUL (*Suite*)

$$\textit{Lactose hydratée de lait} = \frac{5 \times t \times 1,27 \times 5000 \times 19}{20 \times n}.$$

$$= \frac{30162,5 \times t}{n}$$

OBSERVATION — Un litre de lait ordinaire renferme de 50 à 52 gr. de lactose.

DOSAGE DU SUCRE

APPAREILS ET RÉACTIFS

- Burette graduée en 1/10 de cent. cubes.
- Ballon jaugé de 100 cc.
- Ballon de 100 cc. environ.
- Acide chlorhydrique pur.
- Liqueur de Fehling dont 1 cc. mesure (t) de glucose.

MODE OPÉRATOIRE

1. Verser dans le ballon de 100 cc., 5 cc. du filtratum précédent (page 44, 4°).
2. Ajouter X gouttes d'acide chlorhydrique pur.
3. Porter au bain-marie, pendant 25 ou 30 minutes.
4. Refroidir à la température ambiante.
5. Compléter le volume à 100 cc.
6. Agiter pour rendre le mélange homogène.
7. Introduire 10 cc. de liqueur de Fehling, dans un petit ballon de 100.
8. Porter la liqueur bleue à l'ébullition.
9. Sans interrompre l'ébullition, verser le liquide peu à peu, avec précaution, au moyen de la burette, jusqu'à décoloration de la liqueur cuivrique.
10. Relever le nombre de cent. cubes (n').

DOSAGE DU SUCRE (*Suite*)

CALCUL

Saccharose contenue dans ces n **cc.** $= \dfrac{5\ \text{cc.}\ (n-n') \times t \times 0{,}95}{n}$

Saccharose contenue dans 100 de lait $= \dfrac{5\ \text{cc.} \times t \times 0{,}95 \times (n-n') \times 500 \times 10}{n \times n'}$

OBSERVATION

La présence du *sucre* peut être reconnue en évaporant à siccité le sérum obtenu, 5, page 44, et séparant à l'aide de l'alcool à 80°, le sucre des autres matières qui forment le résidu.

BISCUITERIE ET PATES ALIMENTAIRES

ANALYSE COMPREND :		
	1. Examen physique :	Couleur. Saveur. Odeur.
	2. Dosage des éléments.	1. Matières azotées, p. 16. 2. Matières grasses, p. 22. 2. Cendres, p. 26. 4. Cellulose, p. 31. 5. Eau, p. 17. 6. Mat. extractives par différence.
	3. Recherche des altérations.	Moisissures.

ALTÉRATIONS DES PATES ALIMENTAIRES PAR LES MOISISSURES

Les principales moisissures qui se développent à la faveur de l'humidité sont :

Le **Mucor mucedo** (fig. 4).
Le **Thamnidium elegans** (fig. 5).
Le **Rhizopus nigricans** (fig. 6).
L'Aspergillus glaucus (fig. 7).
Le **Penicillium glaucum** (fig. 8).

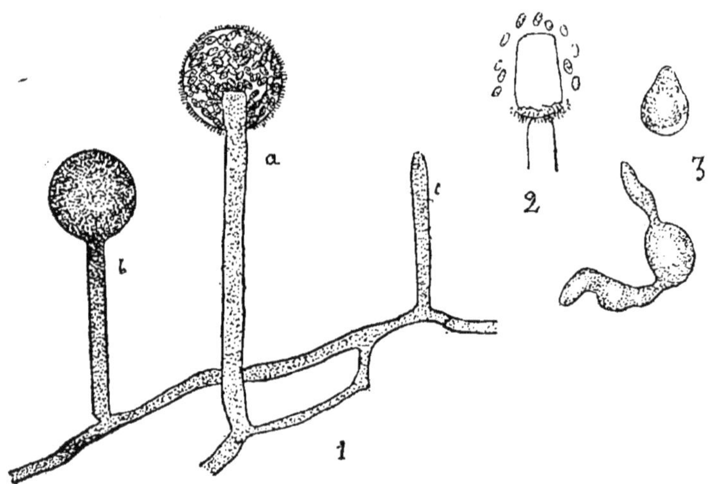

Fig. 4. *Mucor mucedo* : 1, portion du thalle avec tube sporangifère à sporange mûr (*a*), un à sporange jeune (*b*) et un n'ayant pas encore différencié son sporange (*c*). 2, columelle d'un sporange rompu autour de laquelle se trouvent encore quelques spores. 3, spores germant.

ALTÉRATIONS DES PATES ALIMENTAIRES PAR LES MOISISSURES (*Suite*)

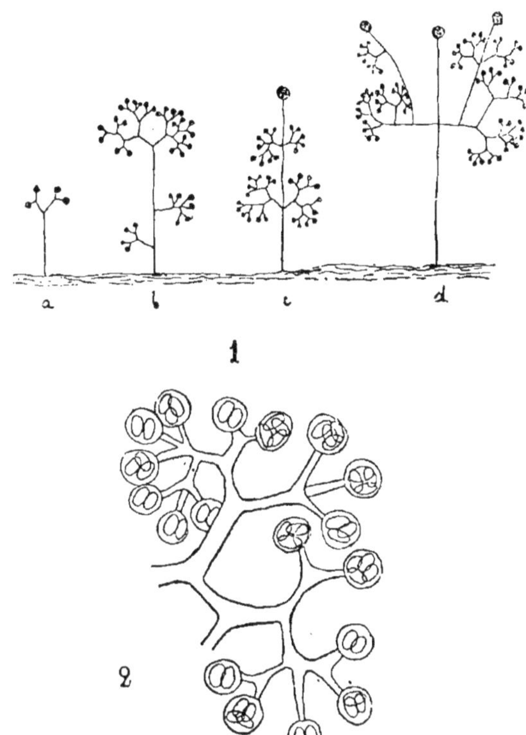

Fig. 5. — *Thamnidium elegans*. 1, *a b c d*, aspects divers des fructifications. 2, rameaux dichotomes avec petits sporanges.

ALTÉRATIONS DES PATES ALIMENTAIRES (*Suite*)

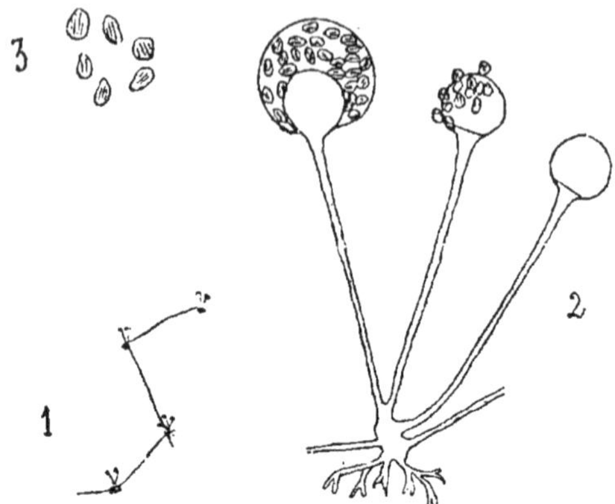

Fig. 6. — *Rhizopus nigricans*.— 1. Aspect du thalle. 2, bouquet de sporanges dont un seul est complet. 3, spores isolées.

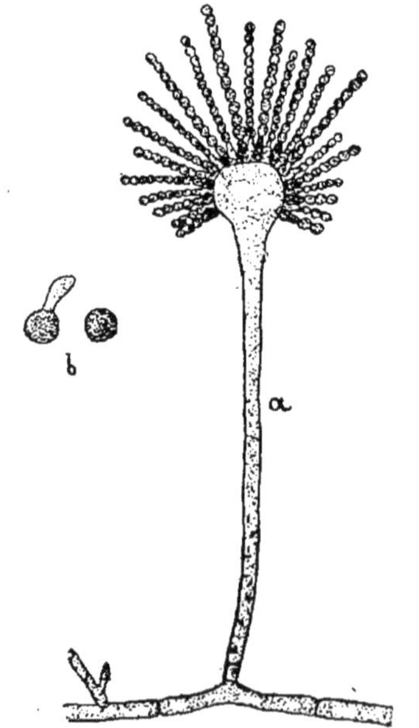

Fig. 7. — *Aspergillus glaucus*. *a*. filament sporifère, *b*, spores dont une est en germination.

ALTÉRATIONS DES PATES ALIMENTAIRES (*Suite*)

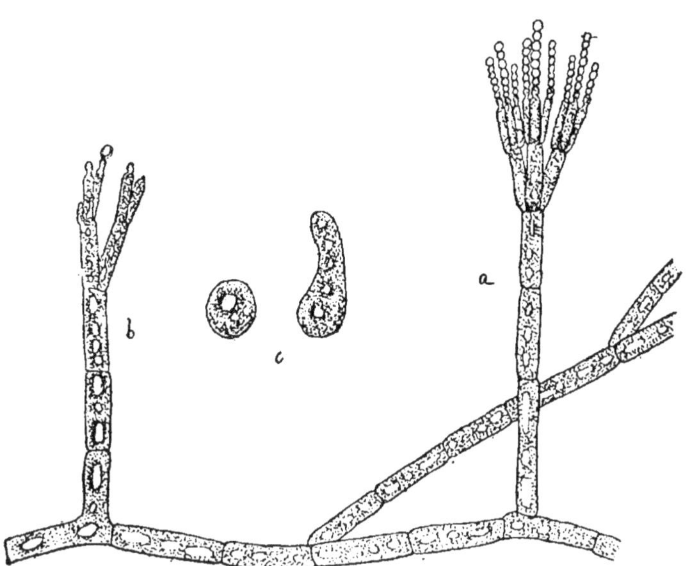

Fig. 8. — *Penicillium glaucum*. *a*, filament sporifère avec ses spores ; *b*, filament dépourvu de ses spores ; *c*, spores dans un germe.

ANALYSE DES FROMAGES

L'ANALYSE COMPREND :

1. **Examen organoleptique.**
   - Couleur.
   - Saveur.
   - Odeur.
2. **Examen au microscope** (voir plus bas).
3. **Dosage des éléments.**
   1. Matières azotées. (Caséine). p. 14.
   2. Matières grasses, p. 22 et 42.
   3. Eau, p. 17.
   4. Cendres, p. 26 et 41.
   5. Matières extractives par différence.

EXAMEN AU MICROSCOPE

- La falsification la plus commune est l'addition de *fécule* ou de *mie de pain*.
- Ecraser une trace de fromage entre deux lamelles.
- Dégraisser la préparation à la ligroïne.
- Ajouter, après évaporation à l'air, une goutte d'eau iodée.
- Coloration bleue due à l'amidon.

III. — DÉTERMINATION DE LA VALEUR ALIMENTAIRE

VALEUR DES RATIONS

RATION PHYSIOLOGIQUE

L'alimentation est constituée par les principes suivants :
- 1. *Matières azotées.*
- 2. *Matières hydrocarbonées.*
  - Matières grasses.
  - Hydrates de carbone.

Les physiologistes sont d'accord, pour attribuer à la ration normale de l'homme, deux sortes d'aliments :

1° Des aliments azotés ou *aliments de substance*, utiles à l'entretien de la machine humaine, à réparer l'*usure de la vie.*

2° Des aliments hydrocarburés ou *aliments de force*, destinés *au travail.*

Le taux de la ration, doit par conséquent varier comme le travail.

On admet donc deux sortes de ration normale :

I. Ration d'entretien composée de :

1. Matières azotées. .	120 gr.		
Soit : Azote . .	19 gr. 20		
2. *Graisses.*	56 gr.	Huile. Beurre. Axonge.	Matières hydro-carbonées.
3. *Hydrates de carbone*	500 —	Amidon. Dextrine. Fécule. Sucres.	

II. Ration de travail ordinaire composée de :

1. *Matières azotées* .	130 gr.
2. *Matières grasses.* .	100 —
3. *Hydrates de carbone*	500 —

VALEUR DES RATIONS *(Suite)*

RATION PHYSIOLOGIQUE *(Suite)*

Le rapport des matières azotées aux matières hydrocarbonées, se trouve être ainsi (très approximativement) :

Dans la ration.
- D'entretien $\frac{1}{4,6}$
- De travail $\frac{1}{5}$.

Valeur nutritive.

Kœnig assigne les coefficients suivants aux différentes substances :

Coefficients adoptés.
- Matières azotées . 5
- Matières grasses . 3
- Hydrates de carbone 1

D'où la facilité de déterminer la valeur nutritive des divers éléments, en se reportant au tableau schématique (pages 8 et 24).

RATION JOURNALIÈRE D'ENTRETIEN

COMPOSITION

Supposons un pain de 1 kil., dont la composition serait la suivante :

Composition chimique.
- Matières azotées. 90 gr.
- Matières grasses. 6 —
- Hydrates de carbone . . . . 499 —

Ce pain représenterait donc en unités nutritives :

Unités nutritives.
- Matières azotées 90 × 5 = 450
- Matières grasses 6 × 3 = 18
- Hyd. de carbone 499 × 1 = 499

soit 967 unités.

Si l'on se reporte à la ration physiologique indiquée plus haut, on obtiendra :

RATION JOURNALIÈRE (*Suite*)

COMPOSITION (*Suite*)

Ration d'entretien.
Matières azotées $120 \times 5 = 600$
Matières grasses $56 \times 3 = 168$
Hyd. de carbone $500 = 500$
soit 1268 unités.

En appliquant cette donnée au pain, nous trouvons que la ration alimentaire d'entretien est représentée par :

$$x = \frac{1268}{(450 + 18 + 499)} = \frac{268}{967} = 1 \text{ kil. } 311 \text{ gr. de}$$

pain.

et la ration de travail par :

$$x = \frac{1450}{967} = 1 \text{ kil. } 482.$$

Le rapport de ces deux chiffres est exprimé par 1.13.

La *ration d'entretien, multipliée par le coefficient* 1.13, *donne le taux de la ration de travail ordinaire.*

VALEUR NUTRITIVE DES ALIMENTS

OBSERVATION

Avec le prix des denrées, l'Econome chargé de l'entretien d'une collectivité, pourrait établir un barême d'après le tableau suivant. Ce barême, indiquerait la quantité de chaque substance alimentaire, correspondant à la ration physiologique d'entretien d'un homme de poids moyen, avec en regard le prix de l'unité.

VALEUR NUTRITIVE DES ALIMENTS *(Suite)*

ALIMENTS EMPLOYÉS				Ration Physiologique	PRIX du kil.	PRIX de la ration
				kil.		
TABLEAU TARIF DES ÉQUIVALENTS NUTRITIFS	**Conserves de la guerre**	Légumes	Julienne. . . .	1 100	»	»
			Petits pois . .	3	»	»
		Potages	Aux haricots. .	0 680	»	»
			A la saucisse .	0 475	»	»
			National . . .	0 620	»	»
			Purée de légum.	0 640	»	»
			de Billancourt. .	0 630	»	»
			Conserve de viande . . .	0 700	»	»
	Conserves du commerce	Poissons	Harengs fumés .	0 820	»	»
			Morue salée . .	0 660	»	»
			Sardine. . . .	0 840	»	»
			Thon à l'huile .	0 680	»	»
		Légumes	Carottes desséchées.	1 230	»	»
			Choux »	0 990	»	»
			Pommes de terre »	1 160	»	»
			Haricots verts »	0 840	»	»
			Câpres	5	»	»
			Haricots verts au naturel . . .	5 600	»	»
			Petits pois au naturel . .	4 250	»	»
			Choucroute . .	5 500	»	»
		Farineux	Pain de guerre .	0 920	»	»
			Pain de fantaisie	1 370	»	»
			Riz	0 990	»	»
			Tapioca . . .	1 390	»	»

VALEUR NUTRITIVE DES ALIMENTS (*Suite*)

CONCLUSIONS

En pratique dans l'économie, le coefficient d'absorption varie légèrement.

Le maximum de produits utilisés a lieu, lorsque les rations sont mixtes ; d'où la nécessité de changer les menus, de former des portions composées de matières animales et végétales, pour obtenir une alimentation approchant du rapport idéal $\frac{1}{4.6}$ dont nous avons parlé (page 53).

Remarquons, que dans ce tableau sont consignés les résultats de l'alimentation physiologique ou d'entretien, qui, dans son application, doit nécessairement varier avec les conditions de la vie. Ainsi, certains physiologistes doublent la ration d'entretien, pour obtenir la *ration de travail forcé*.

IV. — ALTÉRATION DES CONSERVES CARNÉES

CAUSES ET SIGNES D'ALTÉRATION

CAUSES

1. **Maladies des animaux.**
2. **Altération survenue avant ou pendant les opérations de la mise en conserve.**
3. **Gélatinisation artificielle.** — Couenne, peaux, os, produits d'équarrissage.
4. **Stérilisation imparfaite.**

CAUSES ET EFFETS

- A) **Agents infectieux.**
  - Aérobies / anaérobies. — ou à l'état sporulé.
- B) **Eléments toxiques d'origine.**
  - organique. — Ptomaïnes. Toxines.
  - minérale. — Plomb. Cuivre. Antiseptiques.

SIGNES DE L'ALTÉRATION

- **Positifs.**
  - *Extérieurs.*
    1. Bombage des surfaces planes, irréductible à la pression extérieure (*Été 10 jours*).
    2. Poussée de gaz putrides à l'ouverture sous l'eau (les deux caractères sont les indices irrécusables d'une œuvre bactérienne (anérobies) ils proviennent d'une *stérilisation défectueuse*.
  - *Internes.*
    1. Odeur putride.
    2. Aspect larvé de la conserve.
    3. Viande flasque.
    4. Réaction alcaline au tournesol.

    (Exception faite pour les conserves de lait).

CAUSES ET SIGNES D'ALTÉRATION (*Suite*)

SIGNES DE L'ALTÉRATION (*Suite*)

- **De présomption.**
  - *Extérieurs.*
    1. Soudures doublées, provenant d'une conserve reconnue *fuitée* et *réparée*.
    2. Deux ouvertures soudées.
       Deuxième point de soudure, pratiqué sur la boîte avariée après échappement des gaz. Cette fraude a pour but de lui rendre l'aspect requis.
    3. Boîte *Flocheuse*.
       Le fond de ces boîtes n'est ni convexe, ni concave, il cède alternativement sous la pression des doigts.
  - *Internes.*
    1. Gelée blanche, visqueuse, brune ou louche.
    2. Odeur de relent.
    3. Graisse saponifiée.
    4. Viande sans consistance.
- **Néant.**
  1. Certaines spores, non détruites par la stérilisation, peuvent conserver leur nocivité.
  2. *Ptomaïnes restées toxiques après stérilisation.*
  3. Par des métaux toxiques.
     1. Plomb, provenant de l'étamage et des soudures du récipient.
     2. Cuivre.
        Dose exagérée dans le reverdissage.
     3. Produits antiseptiques.

RECHERCHES BIOLOGIQUES ET TOXICOLOGIQUES

COMPRENNENT	**1. Examens physique et biologique**	1. De la gelée. 2. Des muscles.
	2. Recherche des Ptomaïnes.	1. Recherche chimique. 2. — par inoculation.
	3. Recherche des métaux toxiques et des antiseptiques.	Plomb. Cuivre. Formol et borates, etc.
	4. Recherche bactériologique sommaire.	

OBSERVATIONS

Les conserves végétales, ne contiennent que très rarement des ptomaïnes.

Très peu d'accidents ont été provoqués par des conserves de légumes avariés.

Le bombage des boîtes, provient du développement des *ferments acidifiants*.

EXAMEN MICROSCOPIQUE DE LA GÉLATINE

PRATIQUE DE L'EXAMEN	1. Plonger la boîte au bain-marie, pendant 1/2 heure. 2. Flamber le couvercle. 3. Le traverser avec un poinçon flambé. 4. Aspirer la gélatine surnageante, à l'aide d'une pipette stérilisée. 5. Faire un léger frottis, sur une lame de verre propre. 6. Sécher la préparation avec précaution, sur la flamme d'une lampe à alcool. 7. Colorer, avec une solution aqueuse de bleu de méthylène au 1/100. 8. Laver à l'eau distillée. 9. Sécher. 10. Ajouter une goutte d'huile de cèdre. 11. Examiner avec un objectif à immersion.

CONCLUSIONS	1. Si absence de bactéries,	*conserve très bonne.*
	2. Si quelques bactéries éparses,	*conserve douteuse.*
	3. Si grand nombre de bactéries dans toute la préparation,	*conserve dangereuse.*

EXAMEN MICROSCOPIQUE DES MUSCLES ET DE LA GRAISSE

PRISE D'ESSAI

1. Ouvrir la boîte.
2. Retirer un morceau.
3. Le trancher au moyen d'un couteau flambé.
4. Prélever une parcelle, au cœur dans le sens de fibres, à l'aide d'un scalpel.
5. Dissocier sur une lame de verre, en fibrilles aussi minces que possible.
6. Examiner au microscope.

EXAMEN AU MICROSCOPE

I. Fibres musculaires $\frac{\text{OC. 1}}{\text{OG. 7}}$ Nachet

1. Les fibres *saines* (fig. 9) possèdent la double striation (*fn*) avec noyaux (*n*).
2. Les fibres *altérées* (fig. 9) par une maladie infectieuse, présentent la dégénérescence graisseuse ou vitreuse et n'ont plus la double striation. L'élément musculaire a disparu et la fibre paraît variqueuse (Fa).

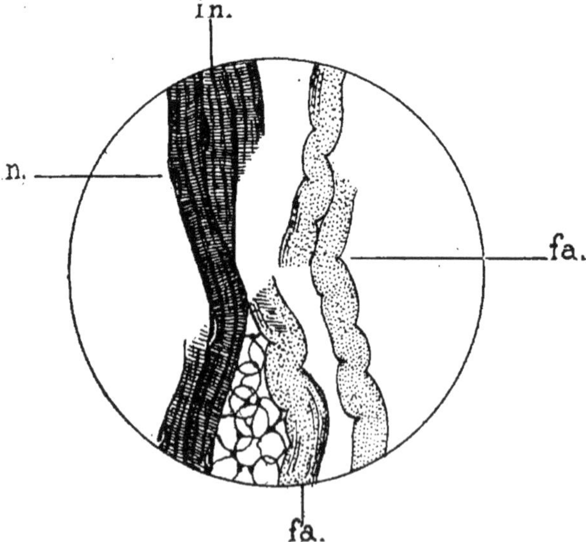

Fig. 9. — Fibres musculaires.
fn, double striation ; *n*, noyaux ; *fa*, fibre paraissant variqueuse.

EXAMEN MICROSCOPIQUE DES MUSCLES (*Suite*

EXAMEN AU MICROSCOPE (*Suite*)	II. Recherche des parasites G = 90.	1. *Des trichines.* Se rencontre dans les muscles, dans les masses graisseuses et dans le lard (fig. 10). Kyste libre, transparent, ovalaire, contenant une lame roulée en spirale (fig. 11). Diamètres $40^{mm}/25^{mm}$.

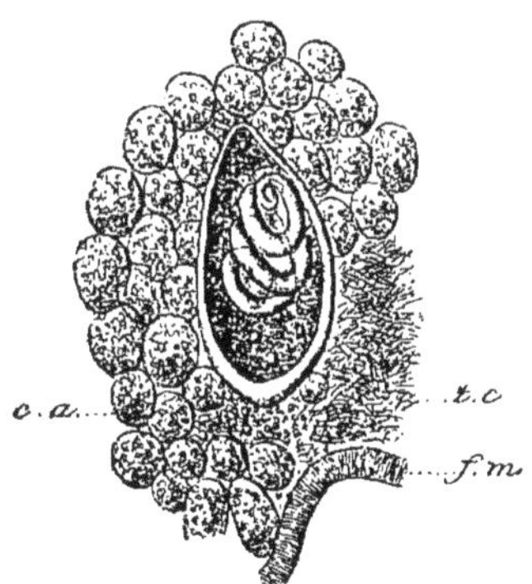

Fig. 10. — Trichine enkystée dans une masse adipeuse.

Fig. 11. — Kyste provenant du tissu adipeux et contenant une trichine enroulée.

EXAMEN MICROSCOPIQUE DES MUSCLES (*Suite*)

EXAMEN AU MICROSCOPE (*Suite*)	II. Recherche des parasites G = 90.	2. *Des cysticerques.* Se rencontrent dans la ladrerie du porc, dans la ladrerie du bœuf. Vésicules ovoïdes, opalescentes, nacrées (fig. 12). Hile à l'entrecroisement des diamètres.

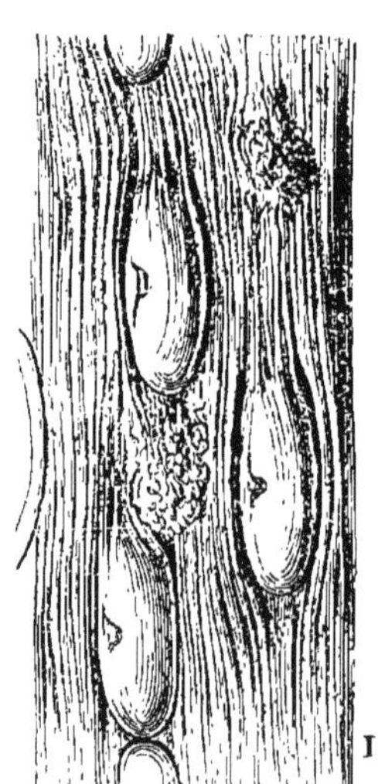

Fig. 12. — Cysticercus cellulosæ, dans la viande du porc.

PTOMAÏNES

DÉVELOPPEMENT DES PTOMAÏNES

- **1. Avant ou pendant la mise en conserve.**
  - 1. La viande sur pied, peut être contaminée par des leucomaïnes, provenant du surmenage.
  - 2. Par les bacilles :
    - De l'entérite.
    - De la météorisation.
    - De la morve.
    - Du typhus.
    - Du charbon.
    - De la pneumonie infectieuse.
    - Des affections pyohémiques ou septicémiques, etc.
  - Elles contiennent alors des *toxines*, se conservent mal et donnent rapidement naissance à des *ptomaïnes* qui se développent pendant la manipulation.
  - 3. Le poisson peut parvenir altéré.
- **2. En boite.**
  - La température de stérilisation à laquelle la conserve est soumise, tue la plupart des *microbes* et des *toxi-albumines*, mais ne détruit pas les *ptomaïnes*.
- **3. Avec le temps.**
  - La fermentation des anaérobies continue, si la stérilisation n'a pas été parfaite.
  - Les aérobies sommeillent.

PTOMAÏNES (*Suite*)

DÉVELOPPEMENT DES PTOMAÏNES (*Suite*)	**3. Avec le temps.**	Un des auteurs les plus compétents, a reconnu que : « *Des conserves de viande stérilisées à* 110[1] *ou* 115[d] *pendant une demi-heure, renfermaient encore des germes revivifiables, dans la proportion de* 70 *à* 80 *pour* 100. »
	Conclusions.	On peut poser comme règle, que dans tous les cas d'intoxication alimentaire *précoce*, il est nécessaire de faire la recherche des ptomaïnes toujours toxiques, quelleque soit l'origine du poison.

RECHERCHE CHIMIQUE DES PTOMAÏNES

APPAREILS ET RÉACTIFS

- Trompe à eau.
- Cornue et ballon tubulés ajustés à l'émeri.
- Acide chlorhydrique.
- Alcool absolu.
- Solution . { Acide tartrique . 2 gram. ; Alcool à 95° . . 1000 cc.
- Réactifs généraux des alcaloïdes.

MODE OPÉRATOIRE

1. Constituer un échantillon moyen, par prélèvement sur plusieurs points de la conserve.
2. Diviser finement, avec des instruments lavés à l'eau bouillante.
3. Ajouter 2 volumes de la solution alcoolique d'acide tartrique.

RECHERCHE CHIMIQUE DES PTOMAINES (*Suite*)

MODE OPÉRATOIRE (*Suite*)

4. Abandonner 24 heures.
5. Filtrer au papier mouillé.
6. Monter au bain-marie, la cornue et le ballon tubulé.
   Introduire le liquide filtré.
   Fermer la tubulure de la cornue, par un bouchon portant un thermomètre.
   Mettre la tubulure du ballon, en communication avec la trompe à faire le vide.
7. Distiller, à une température ne dépassant pas 35° ou 40°, jusqu'à résidu sirupeux.
8. Epuiser le résidu sirupeux à froid, par de l'alcool à 95° (2 volumes).
9. Filtrer au papier mouillé.
10. Répéter l'opération § 7 avec cette solution.
11. Epuiser le résidu sirupeux, avec de l'eau distillée (2 volumes).
12. S'assurer que la solution aqueuse est encore acide, sinon ajouter une solution concentrée d'acide tartrique.
13. Filtrer au papier mouillé et recueillir dans un entonnoir fermé à séparation.
14. Agiter avec de l'éther.
15. Après repos, décanter la solution aqueuse, conserver l'éther.
16. Ajouter à la solution aqueuse, un petit excès de carbonate de soude et la traiter à nouveau dans le même entonnoir, par de l'éther.
17. Décanter, pour recueillir l'éther.
18. Réunir et concentrer par évaporation spontanée, les solutions éthérées § 15 et 17.
19. Mettre à part une petite portion du résidu (expérience physiologique).

RECHERCHE CHIMIQUE DES PTOMAÏNES (*Suite*)

MODE OPÉRATOIRE (*Suite*)

20. Agiter l'autre portion, dans l'entonnoir à séparation, par de l'acide chlorhydrique au 1/20 en léger excès. Soutirer la solution aqueuse acide.

21. La soumettre, dans un verre de montre, à l'action des réactifs généraux des alcaloïdes.

Réactifs des alcaloïdes.
- Tanin.
- Chlorure de platine.
- Phospho-molybdate de soude.
- Réactif de Mayer.
- Réactif de Nessler, etc.

REMARQUES

Dans le cours de la recherche, la présence des *ptomaïnes* peut se pressentir par :

1. (Opération 9) :
   Coloration verdâtre de la solution aqueuse.
2. (Opération 16) :
   Odeur pénétrante de relent, par le carbonate de soude.
3. (Opérations 15 et 17) :
   Coloration verdâtre des solutions éthérées.

RECHERCHE PHYSIOLOGIQUE DES PTOMAÏNES PAR INOCULATION

PRÉPARATION DE L'INJECTION HYPODERMIQUE

1. Reprendre le résidu 19 (page 66), par 6 ou 8 cent. cubes d'acide chlorhydrique au 1/4.
2. Neutraliser, sur papier de tournesol, une partie de l'excès d'acide par une solution de soude pure au 1/3.
2. Porter au bain-marie quelques instants.
4. Filtrer à froid sur papier mouillé.

PRATIQUE DE L'INOCULATION SOUS-CUTANÉE

1. Prendre un cobaye, forcer l'immobilisation par un aide.
2. Faire un gros pli cutané, en pinçant la peau lâche entre le pouce et l'index de la main gauche.
3. Injecter, dans le tissu cellulaire, deux centimètres cubes de la solution filtrée.
4. Attendre dix minutes.
5. Si absence de troubles nerveux, répéter l'opération § 3 avec le reste de la solution.

Remarque. Les précautions antiseptiques usitées sont inutiles, les phénomènes d'intoxication se manifestant en moins d'une demi-heure.

SYMPTOMES PHYSIOLOGIQUES SONT :

1. Rapidité d'action sur le système nerveux.
2. Sensibilité émoussée.
3. Parésie et paralysie des membres.
4. Algidité
5. Dilatation de l'iris et inertie à la lumière.
6. Coma.

AUTOPSIE Congestion des centres nerveux et des enveloppes.

RECHERCHE BACTÉRIOLOGIQUE SOMMAIRE

BUT ET OBSERVATION	Essentiellement pratique. S'assurer si la conserve est vierge de germes revivifiables. La détermination scientifique des espèces, n'entre pas dans le cadre de ce travail ; elle exige des manipulations longues et délicates. Disons cependant, que des microbes échappés à la stérilisation, les *anaérobies*, ne tardent pas à révéler leur présence par l'aspect bombé de la boîte qui la fait rejeter, *à priori*. Les *aérobies* dont la vie est suspendue appartiennent généralement à des espèces banales et rarement à des *microbes reconnus* pathogènes pour l'homme et peu connus.
MILIEU DE CULTURE	Tubes de gélose droits et inclinés. (Voir la préparation dans tous les ouvrages classiques).
PRISE D'ESSAI	**Bouillon.** 1. Ouvrir la boîte avec les précautions 1, 2, 3 (page 60). 2. Plonger, dans le bouillon, un fil fin de platine stérilisé. 3. Piquer avec les précautions usitées un tube droit en profondeur (un ou 2 centimètres). 4. Coiffer au tampon flambé. 5. Stériliser de nouveau le fil de platine. 6. Répéter les opérations § 2, 3 sur un tube incliné, mais en stries superficielles. Préparer quelques tubes droits et inclinés. Capuchonner. 7. Porter à l'étuve à + 28°.

RECHERCHE BACTÉRIOLOGIQUE SOMMAIRE *(Suite)*

PRISE D'ESSAI *(Suite)*

Viande.

1. Ouvrir la boîte, suivant les indications 1, 2, 3 (page 60).
2. Enfoncer le fil fin de platine stérilisé dans la masse musculaire.
3. Ensemencer en profondeur et en stries quelques tubes de gélose.
4. Coiffer et porter à l'étuve à + 28°.

RÉSULTAT

Après 48 heures d'étuvage, observer la limpidité de la gélose. Les *conserves bien stérilisées,* ne donnent aucune trace de culture soit superficielle, soit en profondeur. Continuer l'observation durant quelques jours.

V. — RECHERCHE DES ANTISEPTIQUES

RECHERCHE DE L'ACIDE BORIQUE LIBRE OU COMBINÉ

SE RENCONTRE DANS :
Beurre.
Vin.
Lait concentré.

MODE OPÉRATOIRE

1. Traiter les cendres obtenues, page 28, par :
   Acide sulfurique au 1/2. . 10 cc.
2. Agiter et porter à l'ébullition.
3. Faire tomber la mixture dans un ballon, à l'aide d'un entonnoir.
4. Laver capsule et entonnoir avec un peu d'alcool méthylique.
5. Recueillir les lavages dans le ballon.
6. Monter le ballon au réfrigérant descendant préalablement ajusté (fig. 13, page 72).
7. Chauffer progressivement au bain de sable.
8. Recueillir l'alcool distillé.
9. Le verser dans une soucoupe.
10. Choisir un fond noir, en évitant la lumière.
11. Faire brûler en agitant.
12. Si flamme *verte au début*, présence d'acide borique libre ou combiné.

OBSERVATION
Le résultat précédent est indépendant de la composition des cendres, qui peuvent contenir du cuivre provenant du *reverdissage* au sulfate de cuivre, à dose très minime.

RECHERCHE DU FORMOL

RÉACTIFS	N° 1.	Chlorhydrate de phenylhydrazine	1 gr.
		Acétate de soude . . .	1 gr. 50
		Eau	100 —
	N° 2.	Fuschine	1 —
		Eau	100 —
		Faire dissoudre à chaud, après refroidissement, ajouter :	
		Bisulfite de soude du commerce D = 1252. .	10 cc.
		Après atténuation de la coloration :	
		Acide chlorhydrique pur.	10 cc.
		Solution incolore après quelques jours.	

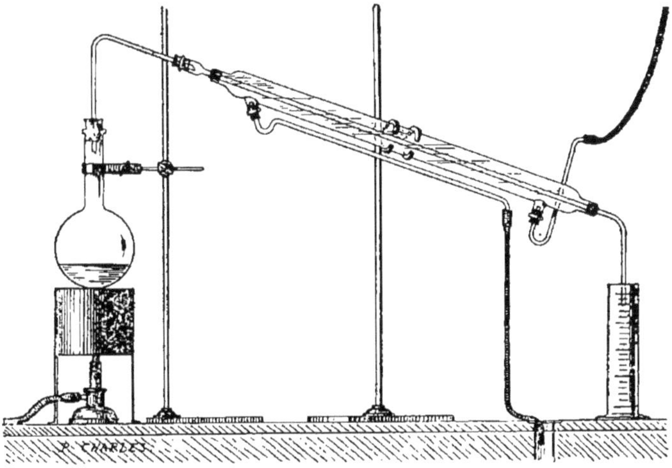

Fig. 13. — Recherche du formol.

RECHERCHE DU FORMOL (*Suite*)

MODE OPÉRATOIRE

1. Diviser la substance, l'additionner :
   D'acide sulfurique au 1/100. 3 volumes.
   De sulfate de soude . . . . en excès.
2. Introduire le mélange dans un grand ballon, muni d'un réfrigérant descendant (fig. 13).
3. Chauffer vivement à nu, au bec de Bunsen.
4. Surveiller la montée de la mousse, produite par la substance albuminoïde.
   Retirer la flamme en cas d'ascension trop rapide.
5. Recueillir ainsi par distillation $\frac{V}{10}$.
6. Essayer les réactifs 1 et 2.

Réactif n° 1.
Ajouter à une partie du liquide :
Réactif n° 1 . . . . IV gouttes.
Acide sulfurique. . . V —
Coloration verte après trois minutes.

Réactif n° 2.
A une autre partie du liquide :
Ajouter quelques gouttes du réactif 2.
Coloration verte.

OBSERVATION

Le formol est un agent de conservation des plus puissants.

Les substances alimentaires exposées aux vapeurs de cet antiseptique conservent leur qualité alibile et ne perdent rien de leur saveur alimentaire.

La dose de $\frac{1}{20.000}$, arrête la pullulation de tous les microorganismes.

Manié par des mains exercées, il est très difficile à découvrir.

RECHERCHE DE L'ACIDE SALICYLIQUE, DE LA SACCHARINE, DE LA SUCRAMINE DE L'ACIDE BENZOIQUE

USAGES

Acide salicylique, employé dans la conservation des conserves susceptibles de fermenter.
Saccharine, dans les conserves sucrées.
Acide benzoïque, dans les conserves aromatisées, à cause de son odeur agréable.
(*Emploi interdit en France par circulaire ministérielle du* 16 *octobre* 1888).

MODE OPÉRATOIRE

1. Diviser la conserve et ajouter de la gélatine aux légumineuses.
L'addition de gélatine a pour but de précipiter certains tanins naturels. Ceux-ci donneraient, avec le perchlorure de fer employé comme réactif, une teinte violacée.
2. Epuiser par l'eau (environ 200 cc.)
3. Ajouter au filtratum dans un entonnoir à décantation :
1o Acide sulfurique, *q. s.* pour réaction acide.
2o { Ligroïne . . . . 25 cc.
Ether . . . . 25 —
4. Séparer les liquides éthérés, après *agitation et repos*.
5. Répéter l'opération 3 fois.
6. Réunir les liquides éthérés.
7. Filtrer.
8. Evaporer à l'air.
9. Le résidu peut contenir : { Acide salicylique. Saccharine. Acide benzoïque.
Le diviser en trois parties, pour chacune de ces recherches.

RECHERCHE DE L'ACIDE SALICYLIQUE (*Suite*)

CARACTÈRE DU RÉSIDU		
	Acide salicylique.	1re partie du résidu. 1. Coloration rouge, par addition de II gouttes de perchlorure de fer au 1/50, neutre et chimiquement pur. 2. Coloration jaune qui vire au brun, par addition de nitrite de soude et d'acide sulfurique dilué; cette teinte se développe par l'ébullition.

	Saccharine et sucramine.	2e partie du résidu.
		1. Saveur sucrée persistante caractéristique.
		2. 1. Ajouter environ 0 gr. 10 de résorcine et IV gouttes d'acide sulfurique.
		    2. Chauffer à feu nu.
		    3. Coloration *rouge* puis *vert foncé*.
		3. Par fusion avec de la potasse, il se forme de l'acide salicylique, facile à caractériser.

	Acide benzoïque.	3e partie du résidu.
		1. A la loupe, cristaux arborescents.
		2. Chauffer sur une lame de platine.
		Vapeurs irritantes.
		3. En solution dans eau.
		    1. Perchlorure de fer, ppte *couleur chair*, décomposable par l'ammoniaque.
		    2. Résorcine, coloration *rouge vineuse*.

RECHERCHE DES SULFITES

APPAREILS ET RÉACTIFS

1. Un appareil chargé, pour production d'acide carbonique.
2. Un petit ballon, fermé par un bouchon percé de 2 trous.
3. Un tube recourbé à angle droit, descendant jusqu'au fond du ballon et communiquant avec l'appareil à acide carbonique.
4. Un second tube, recourbé deux fois à angle droit, à branches inégales.

L'un sortant du ballon, l'autre plongeant dans une solution faible :

D'eau iodée.

De chlorure de baryum au 1/10.

MODE OPÉRATOIRE

1. Diviser la substance, la rendre homogène.
2. L'additionner :

   Acide sulfurique au 1/10. . 3 à 4 vol.
3. Introduire la mixture dans le petit ballon.
4. Monter l'appareil.
5. Faire passer lentement, un courant d'acide carbonique.
6. Chauffer très légèrement.
7. Faire barboter le gaz à la sortie, dans la solution iodée de chlorure de baryum.

RÉSULTAT

L'acide sulfureux, provenant de la décomposition des sulfites, donne naissance à de l'acide sulfurique, qui produit un trouble ou un précipité de sulfate de baryte.

RECHERCHE DES FLUORURES

MODE OPÉRATOIRE

1. Diviser la substance, l'additionner de chaux et former un mélange homogène.
2. Le sécher à l'étuve, dans une capsule à fond plat.
3. Porter au moufle, en suivant les indications 2, 3, 4, 5, 6, page 26.
4. Ecraser le charbon, le réduire en poudre fine, à l'aide d'une baguette de verre terminée en disque.
5. Remettre de nouveau au moufle, laisser refroidir.
6. Mélanger aux cendres du sable fin lavé et desséché.
7. Introduire le tout dans un tube à essai bien sec, de 15mm de diamètre.
8. Ajouter, à l'aide d'un entonnoir, de l'acide sulfurique pur.
9. Ajouter au tube à essai un autre tube à dégagement, recourbé deux fois.
10. Faire plonger l'extrémité libre, dans quelques centimètres cubes d'eau distillée.
11. Chauffer légèrement.

RÉSULTAT

Le fluorure de silicium se dégage, il se transforme au contact de l'eau en acide hydrofluosilicique et en silice gélatineuse, qui forme dépôt caractéristique.

OBSERVATION

L'addition d'un fluorure est contraire à l'ordonnance de police du 23 février 1881.

RECHERCHE ET DOSAGE DU PLOMB

PEUT PROVENIR

- **1. Dans le cours de la préparation de l'emploi.**
  - 1. Ustensiles mal étamés (fréquent).
  - 2. Poteries vernissées au silicate de plomb alumineux très fusible (assez fréquent).
  - 3. Ustensiles à émail fusible (même observation .
- **2. Des produits conservateurs.**
  - 1. Acide acétique sortant des vases ci-dessus.
  - 2. Huile de couverture (sardine).
  - 3. Acétate de soude (même raison).
- **3. De la boîte ou de l'enveloppe.**
  - 1. Soudure interne plombifère.
  - 2. Sertissage.
    - Au plomb.
    - Au caoutchouc (50/100 de plomb).
  - 3. Papier d'étain plombifère (fréquent).

MODE OPÉRATOIRE

1. Diviser la substance, ou porter la recherche sur le produit suspect.
2. Peser 50 gr. dans une capsule à fond plat.
3. Dessécher à 100°.
4. Porter au moufle, modérer la chaleur, surveiller le boursoufflement, écraser le charbon (voir page 26).
5. Elever la température.
6. Eteindre le moufle quand cendres blanches.
7. Laisser refroidir.
8. Traiter les cendres par un excès d'acide azotique.
9. Rechercher et doser le plomb comme il est dit : 7, 9, 10, 11... 20 (page 82).

RECHERCHE ET DOSAGE DU CUIVRE

RECHERCHE DU CUIVRE

La présence du cuivre s'annonce dans les cendres par une coloration verte, qui est commune au manganèse normal des légumes.

Ces cendres, reprises par l'eau acidulée à l'acide azotique au 1/10, donnent une solution filtrée verte et une coloration rouge, avec le ferrocyannure de potassium.

Pour cette recherche, pratiquer la méthode de la touche sur une soucoupe en porcelaine.

DOSAGE DU CUIVRE

1. Répéter les opérations 1.., 8, page 78.
2. Porter à l'ébullition.
3. Ajouter un excès de solution de potasse au 1/10, jusqu'à réaction faiblement alcaline, après agitation contenue.
4. Laisser déposer.
5. Jeter sur un filtre ne laissant pas de cendres (papier Schleicher et Schüll, n° 589).
6. Laver, jusqu'à ce qu'une goutte de la solution filtrée ne donne plus rien avec le phénol, phtaléine.
7. Dessécher le filtre à 100°.
8. Détacher le résidu dans une capsule tarée (T).
9. Calciner le filtre à part au-dessus de la capsule.
10. Achever la calcination du résidu et des cendres provenant de l'opération précédente.
11. Porter dans exsiccateur.
12. Peser (P).
13. Répéter les opérations § 9, 10, 11, 12 jusqu'à pesées concordantes.

RECHERCHE ET DOSAGE DU CUIVRE (*Suite*)

CALCUL

2 P = oxyde de cuivre de 100 gr. de conserve.

$$\text{Cuivre} = \frac{P \times 6350}{3975}$$

$$\text{Sulfate de cuivre} = \frac{P \times 6350 \times 3.929}{3975}$$

$$= P \times 6.277$$

OBSERVATION

Le reverdissage des légumes, petits pois, haricots verts, etc., est autorisé par ordonnance du 18 avril 1889.

Dans le commerce, on l'obtient par macération dans une solution de sulfate de cuivre, à raison de 50 gram. pour 50 kil. de haricots verts.

VI. — EXAMEN DU RÉCIPIENT : BOITES ET POTERIES VERNISSÉES

RÉGLEMENTATION

Les cas d'intoxication par les conserves proviennent quelquefois de l'étamage défectueux et plus souvent de soudures plombifères, interdites en France par arrêté ministériel du 11 mars 1887.

Le comité consultatif d'hygiène a réglementé ainsi qu'il suit la fabrication des boîtes et de la poterie :

1. Etamage à l'étain fin, ne doit renfermer, au maximum, que 4 pour 1000 de plomb.
2. Soudures internes à l'étain fin.
3. Poteries à vernis irréprochable, ne cédant aucune trace de plomb aux matières alimentaires avec lesquelles elles sont en contact (arrêté du 2 juillet 1878).

Dans l'examen d'une boîte ou d'un récipient, rechercher le plomb.

PROVENANCE DU PLOMB

1. **Soudures internes.**	
2. **Sertissage.**	1. Au caoutchouc, peut renfermer 40/100 de minium. 2. Présence d'une lame de plomb.
3. **Agrafage.**	Soudures externes plombifères à 50/100, peuvent pénétrer dans la boîte sous forme de *bavures* (rare).
4. **Etamage et vernis.**	1. Etamage défectueux. 2. Vernis rendu fusible par un excès de plomb.

RECHERCHE QUALITATIVE DU PLOMB DE L'ÉTAMAGE

MODE OPÉRATOIRE

1. Couper la boîte avec des cisailles, en évitant les parties soudées.
2. Plonger les morceaux dans une lessive de potasse concentrée, pour enlever toute trace de conserve ou de peinture.
3. Terminer par un lavage à l'eau.
4. Porter à l'ébullition, une solution d'acide azotique étendue de son volume d'eau.
5. Baigner les plaques étamées dans cette solution.
6. Agiter avec un agitateur en verre, coiffé d'un bout de caoutchouc.
7. Retirer et laver à l'eau distillée, au-dessus de la capsule.
8. Evaporer les solutions au bain-marie, puis à l'étuve à 105°.
9. Reprendre le résidu, par de l'eau distillée bouillante.
10. Filtrer :
    Soluble *azotate de plomb.*
    Insoluble *acide stannique.*
11. Reconnaître la présence du plomb dans la solution.

Réactif du plomb.

1. Solution d'iodure de potassium au 1/10 = pp^té^ jaune soluble à chaud.
2. Solution de chromate de potasse au 1/10 = pp^té^ jaune en milieu acétique.
3. Acide sulfurique au 1/10 = pp^té^ blanc en milieu nitrique.

RECHERCHE QUALITATIVE DU PLOMB DE L'ÉTAMAGE
(*Suite*)

OBSERVATIONS

Le peu d'épaisseur de l'étamage rend difficile l'analyse quantitative du plomb, qui ne doit pas excéder 4 pour 1000.

Cette dose infinitésimale donne, dans les conditions de l'expérience et avec les réactifs, des *louches* impondérables

Dans le cas d'un précipité notable :

Gratter l'étamage aussi superficiellement que possible, avec une feuille de *tôle provenant de la boîte examinée.*

Prendre un poids déterminé de raclures.

Doser le plomb, comme il est dit page 83.

Les résultats trouvés seront un peu supérieurs au taux réel de l'alliage, en raison des traces de fer prélevées à la couche sous-jacente.

Dans les conclusions rigoureuses, tenir compte de ce fait.

DOSAGE DU PLOMB DES SOUDURES

APPAREILS ET RÉACTIFS

1 Ballon jaugé de 100 cc.
2. Pipette jaugée à 50 cc.
3. Capsule à incinération.
Acide azotique au 1/4.
Acide sulfurique pur.
Alcool à 95°.

DOSAGE DU PLOMB DES SOUDURES (*Suite*)

MODE OPÉRATOIRE

1. Prélever un échantillon de soudure, à l'aide d'un grattoir *en tôle*, sans atteindre le fer blanc.

Si la prise d'essai est rendue difficile par le peu d'épaisseur de la soudure, la faire couler sous l'action du feu.

2. Tarer une capsule à incinération (T).

Peser 2 gr. d'alliage.

3. Les introduire dans une fiole d'Erlenmayer, les additionner de 10 cc. d'acide azotique au 1/4.
4. Chauffer progressivement, jusqu'à cessation de vapeurs nitreuses et *disparition de points noirs*, percevables à travers le fond de la fiole.
5. Achever d'évaporer à siccité au bain de sable.
6. Reprendre le résidu par :

Eau bouillante . . .	50 c. cubes.
Acide azotique pur . .	X gouttes.

après refroidissement, verser le liquide décanté sur un filtre.

Recueillir le liquide filtré dans un ballon jaugé de 100 cc.

7. Reprendre le résidu et laver le flacon et le filtre avec de l'eau froide, qui servira à compléter à 100 cc. le volume de liquide filtré.
8. Prélever avec une pipette, 50 c. cubes de liqueur claire.
9. Les verser dans le vase à précipité et additionner de :

Acide sulfurique pur . .	un excès.
Alcool à 95°	100 c. c.

DOSAGE DU PLOMB DES SOUDURES (*Suite*)

MODE OPÉRATOIRE (*Suite*)

Laisser reposer 12 heures.

10. Recueillir le précipité sur un filtre ne laissant pas de cendres (Scheicher et Schüll, nº 589).
11. Laver à l'eau alcoolisée.
12. Dessécher à l'étuve.
13. Détacher le sulfate de plomb dans la capsule à incinération tarée.
14. Incinérer le filtre à part.
15. Recueillir les cendres dans la capsule.
16. Les humecter avec :

Acide azotique au 1/4 . .	III à IV gouttes.
Acide sulfurique pur . .	—

17. Calciner au rouge. Ajouter SO^4,Pb mis à part, calciner à nouveau.
18. Porter sous exsiccateur.
19. Peser le sulfate de plomb après refroidissement.
20. Continuer les opérations 17-18-19 jusqu'à pesées concordantes (P).

CALCUL

(P-T) × 0,68317 représente le plomb de 1 gr. de soudure.

Plomb pour cent = (P — T) × 68.317.

RECHERCHE DE L'EXCÈS DE PLOMB RETENU DANS LE VERNIS DES POTERIES

SORTES DE VERNIS

Le vernis de bonne qualité, est formé d'un silicate de plomb alumineux; il est peu fusible, inoffensif et ne cède aucune trace de plomb, aux matières alimentaires avec lesquelles il est en contact.

Le vernis bon marché, est plus fusible, et son emploi dangereux par l'excès de plomb qu'il peut céder aux acides faibles contenus dans les aliments (Dr Barillé).

D'où nécessité de l'examen du vernis par le procédé suivant :

MODE OPÉRATOIRE

1. Faire bouillir dans le vase suspect, pendant 30 minutes environ, une solution :

   Acide acétique à 1060 . . 14 gr.
   Eau distillée . . . . . 290 —

   Cette solution doit être préalablement essayée, et ne donner aucune coloration noire par un courant d'hydrogène sulfuré.

2. Laisser refroidir.
3. Filtrer.
4. Ajouter quelques gouttes d'acide azotique.
5. Evaporer au bain-marie.
6. Reprendre le résidu par de l'eau distillée.
7. Reconnaître la présence du plomb comme il est dit page 82.

CONCLUSIONS

Après cette épreuve, tout vase donnant les réactions du plomb doit être écarté comme dangereux.

TABLE DES MATIÈRES

III. DÉTERMINATION DE LA VALEUR ALIMENTAIRE

IV. ALTÉRATION DES CONSERVES CARNÉES

V. RECHERCHE DES ANTISEPTIQUES

VI. EXAMEN DU RÉCIPIENT : BOITES ET POTERIES VERNISSÉES

DIJON, IMPRIMERIE DARANTIERE.

Tableaux synoptiques d'Analyses

Le chimiste et le pharmacien qui font une analyse n'ont pas le temps de lire de longues descriptions : la collection de *Tableaux synoptiques* leur rendra les plus grands services et est appelée à devenir le vade-mecum de tous les laboratoires.

Dix volumes ont déjà paru :

Tableaux synoptiques pour l'Analyse des Engrais et des Amendements, par P. GOUPIL, pharmacien de 1re classe. 1 vol. in-16 carré de 80 pages, avec figures, cartonné........... **1 fr. 50**

Généralités, solutions et réactifs, appareils, méthodes d'analyses, etc. Analyses spéciales : azote nitrique, azote ammoniacal, azote organique, acide phosphorique, potasse, humidité, sulfate d'ammoniaque, azotate de potasse, chlorure de potassium, sulfate de potasse, guano, sang desséché, corne, chair desséchée, engrais commerciaux composés, fumier, purin, poudrette, vidanges, vinasses, eaux d'égout, chaux, calcaires, marnes, plâtre.

Tableaux synoptiques pour l'Analyse des Vins, de la Bière, du Cidre et du Vinaigre, par P. GOUPIL, pharmacien de 1re classe. 1 vol. in-16 de 80 pages, avec 10 figures, cartonné....... **1 fr. 50**

Vin : Dosages et recherches. Éléments normaux. Densité. Acidité. Extrait sec à 100°. Alcool. Glycérine. Sulfate de potasse. Bitartrate de potasse. Sucre. Tannin. Cendres. Chlorures. Phosphates. Acide carbonique. Acide succinique. Falsifications et altérations. Vinage. Acides minéraux libres. Acide sulfureux. Sulfites. Acide borique. Borax. Acide salicylique. Abrastol. Saccharine. Alun. Plomb. Cuivre. Colorants minéraux. Colorants végétaux Maladies des vins. — *Bière :* Éléments normaux. Densité. Acidité. Extrait sec à 100°. Alcool. Glycérine. Sucre réducteur (maltose). Acide carbonique. Cendres. Phosphates. Chlorures. Dextrine. Matières azotées. Falsifications. Réglisse. Saccharine. Acide salicylique. Acide borique. Borax. Acide sulfureux. Bisulfite. Succédanés du houblon. — *Cidre :* Éléments normaux. Acide malique. Principes pectiques. Alcalinité des cendres. Falsifications. Acide tartrique. Matières colorantes. — *Vinaigre :* Éléments normaux. Densité. Extrait sec à 100°. Matières réductrices. Acidité totale. Bitartrate de potasse. Cendres. Falsifications. Acides minéraux libres. Plomb, cuivre.

Tableaux synoptiques pour l'Analyse du Lait, du beurre et du fromage, par P. GOUPIL. 1 vol. in-16 de 64 pages, avec 5 fig., cartonné.. **1 fr. 50**

Lait : Dosages et recherches. Éléments normaux. Caractères organoleptiques. Densité. Crème. Extrait sec à 100°. Cendres. Beurre. Caséine. Lactose. Falsifications et altérations. Mouillage. Acide borique. Borax. Acide salicylique. Bicarbonate de soude. Dextrine. Amidon. Examen microscopique. Lait normal et altérations. Falsifications. — *Beurre :* Éléments normaux. Humidité. Matières insolubles dans l'éther. Cendres. Matières grasses. Éléments normaux et falsifications. Matières grasses étrangères. Chlorure de sodium. Acide borique. Borax. Acide salicylique. Bicarbonate de soude. Matières colorantes. — *Fromage :* Caractères normaux. Humidité. Cendres Chlorure de sodium. Matières grasses. Acidité. Falsifications.

Tableaux synoptiques pour l'Analyse chimique de l'Eau, par P. GOUPIL. 1 vol. in-16 de 70 pages, avec 10 fig., cart. **1 fr. 50**

Dosages et recherches chimiques. Méthode du laboratoire du comité consultatif d'hygiène de France. Éléments et caractères à déterminer dans l'analyse d'une eau. Caractères organoleptiques. Résidu sec à 110°. Résidu fixe après calcination. Silice. Acide phosphorique. Chlorures. Sulfates. Azotites. Nitrates. Chaux. Magnésie. Azote ammoniacal. Azote albuminoïde. Matières organiques. Méthode hydrotimétrique. Éléments et caractères à déterminer. Détermination du degré hydrotimétrique total. Chaux totale. Magnésie. Acide carbonique. Sulfate de chaux. Interprétation générale des résultats fournis par l'analyse quantitative. Recherches microscopiques. Prise d'échantillon et mode opératoire. Résultat de l'examen microscopique.

Tableaux synoptiques pour l'Examen bactériologique de l'Eau, par P. GOUPIL, 1902, 1 vol. in-16 de 72 pages, avec 14 figures, cartonné .... **1 fr. 50**

I. Généralités. — I. Instruments. — II. Appareils pour la stérilisation et les cultures. — III. Matières colorantes. — IV. Produits chimiques et solutions accessoires. — V. Précautions à prendre. — VI. Préparation des milieux de culture. — VII. Prise d'échantillon et transport.

II. Marche générale de l'analyse bactériologique. — I. Ensemencement des milieux. — II. Numération des germes aérobies. — III. Détermination des germes aérobies. — IV. Caractères du Micrococcus ou Bacillus prodigiosus. — V. Caractères du Micrococcus pyogenes aureus. — VI. Caractères du Bacillus fluorescens liquefaciens. — VII. Caractères du Bacillus pyocyaneus. — VIII. Caractères du Bacillus violaceus. — IX. Caractères du Bacillus fluorescens putridus. — X. Caractères du Micrococcus albus. — XI. Caractères du Proteus vulgaris. — XII. Recherche du Bacillus coli et du bacille typhique.

III. L'eau potable.

Tableaux synoptiques de Bactériologie médicale, par le Dr A. DUPONT, ancien interne des hôpitaux. 1 vol. in-16 de 80 pages, cartonné.. **1 fr. 50**

Instruments. Appareils pour la stérilisation et les cultures Matières colorantes. Produits chimiques et solutions accessoires. Milieux de culture. Préparation des milieux usuels. Pratique des ensemencements. Culture des anaérobies. Isolement des diverses espèces microbiennes. Inoculations aux animaux. Examen des microbes. Examen bactériologique du pus, des crachats, du sang, des fausses membranes et des organes, des urines, des selles, des coupes. Staphylocoques. Streptocoques. Pneumocoque. Gonocoque. Méningocoque. Tétragène. Pneumo-bacille de Friedlander. Bacilles diphtérique, pseudo-diphtérique, pyocyanique, de Ducrey, de la pourriture d'hôpital, de la peste, de Pfeiffer, d'Eberth. Colibacille. Différenciation du bacille d'Eberth et du coli-bacille. Bactéridie charbonneuse. Bacille de la tuberculose, de la lèpre. Spirille de la fièvre récurrente. Vibrion du choléra. Vibrions, lpseudo-cholériques. Bacille de la morve. Bacille du tétanos. Vibrion septique.

Tableaux synoptiques pour l'Analyse des Urines et des dépôts urinaires, par G. DREVET, pharmacien de 1re classe, 2e *édition*, 1 vol. in-16 de 78 p., avec 9 planches, cart.... **1 fr. 50**

Tableaux synoptiques pour l'Examen et l'Analyse des Conserves alimentaires, par le Dr C. MANGET, pharmacien major de l'armée, 1902, 1 vol. in-16 de 72 pages, avec figures, cart. 1 fr. 50

I. Analyse des conserves alimentaires. — 1. Division des conserves. — 2. Analyse des éléments d'une conserve. — 3. Examen de la viande — 4. Examen du bouillon. — 5. Dosage des matières grasses. — 6. Dosage des matières minérales. — 7. Composition des principaux aliments. — 8. Composition de quelques conserves. — 9. Composition de la conserve de viande de l'armée.

II. Conserves diverses. — 1. Saindoux. — 2. Lait concentré. — 3. Biscuiterie et pâtes alimentaires. — 4. Fromages.

III. Détermination de la valeur alimentaire.

IV. Altérations des conserves. — 1. Causes et signes d'altération. — 2. Ptomaïnes. — 3. Recherche bactériologique.

V. Recherche des antiseptiques.

VI. Examen des récipients.

Tableaux synoptiques pour l'Examen des Tissus et l'Analyse des Fibres textiles, par C. MANGET, pharmacien major de l'armée. 1 vol. in-16 carré de 80 pages, avec figures, cart. 1 fr. 50

Ire PARTIE. — *Préliminaires.* — I. Préparation de fibres pour l'examen microchimique. — II. Dissociation des fibres. — III. Procédé micro-chimique de Vétillard.

IIe PARTIE. — *Étude des fibres textiles.* — I. *Caractères généraux des fibres végétales.* — 1. Chanvre. — 2. Coton. — 3. Coton hydrophile. — 4 Jute. — 5. Lin. — 6. Phormium. — 7. Ramie. — II. *Caractères généraux des fibres animales.* — 1. Laine. — 2. Soie. — III. *Tableau distinctif des fibres d'origine végétale et animale.*

IIIe PARTIE. — *Examen et analyse des tissus.* — I. Examen de la valeur d'une étoffe de soie. — II. Examen de la valeur d'un drap. — III. Examen de la valeur d'une toile de lin. — IV. Examen d'une toile de coton. — V. Recherche micro-chimique des fibres végétales dans les tissus. — VI. Examen des tissus métalliques. (1. Galon d'or. 2. Galon d'argent).

Tableaux synoptiques pour l'Analyse des Farines, par F. MARION, ingénieur des arts et manufactures, et C. MANGET, docteur en médecine. 1 vol. in-16 de 80 pages, avec fig., cartonné. 1 fr. 50

Matériel. Solutions et réactifs. Prélèvement de l'échantillon. Propriétés physiques. Goût. Toucher. Aspect. Analyse sommaire : Dosage de l'eau, du gluten humide et sec, de l'eau d'hydration du gluten humide. Analyse complète : Dosage de l'eau, des matières minérales, de l'acidité, de l'azote, de la cellulose. Analyse quantitative et qualitative du gluten. Valeur boulangère des farines. Liqueurs titrées. Alcool à 71° (tableaux). Altérations par l'âge, les parasites, les graines étrangères, les organismes inférieurs, les insectes. Falsifications par les vieilles farines, les amidons étrangers, les substances minérales et végétales.

CHIMIE MÉDICALE

Traité élémentaire de Chimie biologique, pathologique et clinique, par R. ENGEL, professeur des Facultés de médecine, et J. MOITESSIER, professeur agrégé à la Faculté de médecine de Montpellier. 1897, 1 vol. in-8 de 624 pages, avec 102 figures et 2 planches coloriées .... **10 fr.**

Ce livre est consacré aux applications de la chimie à la biologie, à la pathologie et à la clinique.

La première partie comprend l'étude systématique des principes qu'on rencontre dans l'organisme humain à l'état normal et à l'état pathologique.

Dans la seconde partie, se trouvent résumées les connaissances sur la composition des tissus, des organes et des humeurs. L'étude du sang et celle du lait sont accompagnées de l'exposé des méthodes les plus simples d'analyse de ces liquides.

La troisième partie est consacrée à l'étude des phénomènes chimiques de la respiration, de la digestion et à celle de l'excrétion urinaire. L'analyse du suc gastrique et celle de l'urine sont exposées avec détails.

Elle se termine par un aperçu sur les phénomènes chimiques qui s'effectuent dans l'organisme pendant la vie.

Aide-mémoire de Chimie médicale, par le professeur PAUL LEFERT. 1893, 1 vol. in-18 de 300 pages, cartonné .... **3 fr.**

Manipulations de Chimie, Guide pour les Travaux pratiques de Chimie, par E. JUNGFLEISCH, professeur à l'Ecole supérieure de pharmacie de Paris et au Conservatoire des Arts et Métiers, 2e *édition* revue et augmentée. 1893, 1 vol gr. in-8 de 1180 pages avec 374 figures, cartonné.......... **25 fr.**

L'auteur s'est proposé de fournir à ceux qui commencent l'étude de la chimie les renseignements techniques que ne peuvent leur donner les ouvrages consacrés à l'exposé de la science. C'est un guide pour les travaux pratiques de chimie où sont indiquées les conditions dans lesquelles chaque expérience doit être réalisée, les difficultés qu'elle peut présenter, les moyens à employer pour en assurer le résultat. Les opérations les plus importantes relatives soit à l'analyse chimique, soit à la préparation ou à l'étude des éléments et de leurs composés, sont passées en revue.

Dans cette nouvelle édition, l'auteur a donné l'interprétation des réactions dans la notation atomique, en même temps que dans la notation équivalente.

Manipulations de Chimie médicale, par J. VILLE, professeur de chimie médicale à la Faculté de médecine de Montpellier. 1894, 1 vol. in-18 jésus, de 184 pages, avec 68 figures, cartonné... **4 fr.**

La première partie de cet ouvrage comprend l'étude des principes minéraux essentiels contenus dans l'organisme, éléments gazeux et principes salins. Dans une seconde, l'auteur expose les caractères généraux des substances albuminoïdes et la manière dont on pourra les isoler et les doser dans les liquides de l'organisme, tels que le sang et le lait. Dans la troisième partie, l'auteur examine les liquides digestifs, montre comment on peut les recueillir, étudie leurs caractères principaux, et expose le rôle physiologique qu'ils remplissent. La fin de l'ouvrage, la plus considérable, est remplie par l'étude de l'urine, de ses divers éléments, de leurs réactions, des méthodes employées pour les doser.

Manipulations de Chimie, par ETAIX, chef des travaux pratiques à la Faculté des sciences de Paris. 1897, 1 vol. in-8 de 300 pages, avec 150 figures .... **5 fr.**

Traité d'Analyse chimique par la méthode des volumes, comprenant l'analyse des gaz et des métaux, la chlorométrie, la sulfhydrométrie, l'acidimétrie, l'alcalimétrie, la saccharimétrie, etc., par POGGIALE. 1 vol. in-8 de 606 pages, avec 171 figures......... **9 fr.**

Les Nouveautés chimiques pour 1901, par C. POULENC, 1 vol. in-8, de 364 pages, avec 196 figures.......... **4 fr.**

— Années 1896 à 1900, *chaque année séparément*............ **4 fr.**

ENVOI FRANCO CONTRE UN MANDAT POSTAL

CHIMIE MÉDICALE

Guide pratique pour les Analyses de Chimie physiologique, par MARTZ. 1899, 1 vol. in-18 de 264 pages, avec 52 fig., cart.. **3** fr.

Urine. Suc gastrique. Sérosités. Sang. Sperme. Pus. Lait. Bile. Salive. Calculs vésicaux, biliaires, stercoraux, salivaires. Matières albuminoïdes et ferments solubles. Albumines. Peptones. Poudres et extraits de viande. Diastase. Pepsine. Pancréatine.

Résumé analytique du cours de Chimie organique, par le Dr CAZENEUVE, professeur à la Faculté de Lyon. 1893, 1 vol. in-8. **7** fr. **50**

Nouveau système de Chimie organique, par RASPAIL. 3 vol. in-8 avec atlas in-4 de 20 planches.......................... **30** fr.

Traité de Chimie anatomique et physiologique, normale et pathologique, par CH. ROBIN, membre de l'Institut, et VERDEIL. 3 vol. in-8, avec atlas de 45 pl. col............................ **36** fr.

Recueil de Travaux chimiques, par D. FREIRE, 1880. 1 vol. in-18 jésus de 335 pages, avec figures............................ **5** fr.

Ferments et Fermentations, étude biologique des ferments, rôle des fermentations, par LÉON GARNIER, professeur à la Faculté de médecine de Nancy. 1888, 1 vol. in-16 de 318 pages avec 65 figures.. **3** fr. **50**

Rôle chimique des Ferments figurés, par A. CHAPUIS. 1880, in-8, 172 pages.. **3** fr. **50**

De la Dissociation, par IMBERT. 1894, gr. in-8........... **3** fr. **50**

Des Cyamines, par IMBERT. 1894, gr. in-8.................. **2** fr.

Influence exercée sur les Réactions chimiques, par les agents physiques autres que la chaleur, par P. CARLES. 1 vol. in-8, 144 pages.. **3** fr. **50**

Action de la Chaleur sur les composés organiques, par HÉBERT. In-8.. **2** fr.

Influence des Corps gras sur l'absorption de l'arsenic, par CHAPUIS. In-8, 185 pages.................................. **2** fr. **50**

La Série grasse et la Série aromatique, par R. ENGEL. In-8, 112 pages.. **2** fr. **50**

Propriétés physiques des Acides de la série grasse, par GUILLOT. 1895, in-8, 73 pages................................ **2** fr.

De l'Analyse immédiate, par L. GARNIER. 1880, in-8, 70 pages. **2** fr.

Le Cuivre et le Plomb, dans l'alimentation et l'industrie, au point de vue de l'hygiène, par A. GAUTIER, professeur à la Faculté de médecine de Paris, membre de l'Institut. 1 vol. in-18 de 310 pages.. **3** fr. **50**

Théorie générale des Alcools, par HALLER. In-8, 132 pages. **3** fr.

Etude chimique et thérapeutique sur les Glycérines, par L. PRUNIER. 1885, in-8, 63 pages.......................... **2** fr.

L'Hydrazine et ses Dérivés, par le Dr IMBERT. 1899, gr. in-8 de 255 pages.. **6** fr.

UROLOGIE — HÉMATOLOGIE

Guide pratique pour l'analyse des Urines, procédés de dosage des éléments de l'urine, table d'analyse, recherches des médicaments éliminés par l'urine, par MERCIER. 3e *édition*. 1901, 1 vol. in-18 jésus de 228 pages, avec 44 fig. et 4 pl. en couleurs, cart..... **4 fr.**

Tableaux synoptiques pour l'analyse des urines, par DREVET. 2e *édition*, 1901, 1 vol. in-16 de 80 p. cart .... **1 fr. 50**

La Cryoscopie des urines. Application à l'étude des affections du cœur et du rein, par CLAUDE et BALTHAZARD. 1 vol. in-16 de 100 pages, avec 21 figures, cartonné..................... **1 fr. 50**

La pratique de l'analyse des Urines et de la bactériologie urinaire, par le Dr DELEFOSSE. 5e *édition*. 1893, 1 vol. in-18 jésus, 210 pages, avec 28 planches comprenant 103 fig., cart....... **4 fr.**

Urines, Dépôts, Sédiments, Calculs. Applications de l'analyse urologique à la sémiologie médicale, par GAUTRELET. 1889, 1 vol. in-18 avec 80 figures .... **6 fr.**

De l'Urine, des Dépôts urinaires et des Calculs. Composition chimique, caractères physiologiques et pathologiques et indications thérapeutiques, par LIONEL BEALE. 1 volume in-18, avec 136 figures .... **7 fr.**

Les éléments figurés de l'Urine dans les néphrites, par TAHIER. 1895, gr. in-8 avec 5 planches...................... **5 fr.**

Influence du Travail intellectuel sur la variation des éléments de l'urine, par THORION. 1893, gr. in-8, 120 p. avec 7 pl.. **3 fr. 50**

De la Déviation gauche dans les Urines observée au polarimètre Laurent, par ROMAN et LEVESQUE. Gr. in-8, 40 pages.. **1 fr.**

Recherches sur la Toxicité des Urines albumineuses, par ROQUE. 1890, in-8, 88 pages.................................. **3 fr.**

De l'oxalate de Chaux dans les sédiments de l'urine, par GALLOIS. Gr. in-8, 104 pages..................................... **2 fr. 50**

De la densité du Sang, sa détermination clinique, ses variations, par LYONNET. 1893, gr. in-8, 160 pages....................... **4 fr.**

Le sucre du Sang, son dosage, sa destruction, par le Dr BARRAL. 1890, gr. in-8, 93 pages................................ **2 fr. 50**

Recherches sur le nombre des Globules rouges et blancs du Sang, par PATRIGEON. 1877, in-8, 96 pages, avec 20 pl.... **4 fr.**

Des Matières amylacées et sucrées, leur rôle dans l'économie, par BYASSON. Gr. in-8, 112 pages.......... .... **2 fr. 50**

Synthèse des Corps azotés, par LACÔTE. 1 vol. in-8, 181 p. **2 fr. 50**

Origine et transformation des Matières azotées chez les êtres vivants, par GUÉRIN. In-8, 81 pages.................... **2 fr.**

Nouvelles études sur les Substances albuminoïdes, par P.-S. DENIS. 1 vol. in-8................................ **3 fr. 50**

Classification des Substances organiques, par E. BOURGOIN. In-8, 100 pages.. **3 fr. 50**

ENVOI FRANCO CONTRE UN MANDAT POSTAL

CHIMIE ALIMENTAIRE

Les Substances alimentaires étudiées au Microscope, surtout au point de vue de leurs altérations et de leurs falsifications, par E. Macé, professeur à la Faculté de médecine de Nancy. 1891, 1 vol. in-8 de 500 pages, avec 402 figures et 24 pl. coloriées. **14 fr.**

Les questions d'altération et de falsification des substances alimentaires prennent une importance et un intérêt croissants. Il est du devoir des pouvoirs publics de veiller à la qualité de l'alimentation et de prémunir les populations contre les accidents causés par la mauvaise nature des substances alimentaires. La science a aujourd'hui assez de moyens pour reconnaître la fraude ou les détériorations nuisibles à la santé. Parmi ceux-ci se trouve au premier rang l'étude des produits alimentaires au microscope. Ce livre contient la solution des principales questions pouvant intéresser celui qui s'adonne à ces études. Les grandes catégories de substances alimentaires, *substances d'origine minérale, substances d'origine animale, substances d'origine végétale, boissons*, sont successivement étudiées avec leurs altérations et falsifications.

Précis d'analyse microscopique des Denrées alimentaires. Caractères. Procédés d'examen. Altérations et falsifications, par V. Bonnet, préparateur de micrographie à l'Ecole de pharmacie de Paris, expert du Laboratoire municipal. Préface de L. Guignard, professeur à l'Ecole de pharmacie de Paris. 1890, 1 vol. in-18 de 200 p., avec 163 fig. et 28 planches en chromolithog., cart... **6 fr.**

Nouveau Dictionnaire des Falsifications. Etude des altérations des aliments, des médicaments et des produits employés dans les arts, l'industrie et l'économie domestique. Exposé des moyens scientifiques et pratiques d'en reconnaître le degré de pureté, l'état de conservation, de constater les fraudes dont ils sont l'objet, par J.-L. Soubeiran, professeur à l'Ecole supérieure de pharmacie de Montpellier. 1 vol. gr. in-8 de 640 pages, avec 218 figures.. **14 fr.**

Les Légumes et les Fruits, par J. de Brevans. Préface de M. A. Muntz, professeur à l'Institut national agronomique. 1893, 1 volume in-16 de 324 pages, avec 132 figures, cartonné.............. **4 fr.**

Origine, culture, variétés, composition, usages. Conservation. Analyse. Altérations et falsifications. Statistique de la production.

Les Conserves alimentaires, par J. de Brevans, chimiste principal au Laboratoire municipal de Paris. 1896, 1 vol. in-16 de 396 pages, avec 71 fig., cartonné.............................. **4 fr.**

M. de Brevans étudie tout d'abord les procédés généraux de conservation des matières alimentaires : concentration, dessiccation, froid, stérilisation, antiseptiques.

Il examine ensuite les procédés spéciaux à chaque aliment. A propos de la viande, il traite de la conservation par dessiccation, des extraits de viande, des peptones, des conserves de soupes, de la conservation par le froid, des enrobages, de la conservation par la chaleur et l'élimination de l'air, par le salage et les antiseptiques. Vient ensuite l'étude des conserves de poissons, de crustacés et de mollusques. La conservation et la pasteurisation du lait, les laits concentrés ; la conservation du beurre et des œufs termine les aliments d'origine animale. Il passe ensuite à l'étude de la conservation des aliments d'origine végétale : légumes, fruits, confitures, etc. L'ouvrage se termine par l'étude des altérations et des falsifications et par l'analyse des conserves alimentaires, enfin par les conditions à remplir par les vases destinés à contenir les conserves.

Conservation des Substances alimentaires par l'Acide salicylique, par Dubrisay. 1881, in-8, 22 pages .... **1 fr.**

Les Plantes oléagineuses et leurs Produits et les plantes alimentaires des pays chauds (cacao, café, canne à sucre, etc.), par Boery. 1889, 1 vol. in-16 de 176, avec 22 figures............. **2 fr.**

L'Olivier et l'huile d'olives par P. d'Aygalliers. 1900, 1 vol. in-16 de 350 p. avec 64 fig. cart .... **4 fr.**

Le Thé, étude chimique, falsifications, par Biétrix, . 1892, 1 vol. in-16 de 100 pages, avec figures............................ **2 fr.**

CHIMIE ALIMENTAIRE — DISTILLERIE

Le Pain et la Viande, par J. de Brevans, chimiste principal au Laboratoire municipal de Paris. 1892, 1 vol. in-16 de 368 pages, avec 86 figures, cartonné .... **4 fr.**

Les Céréales. La Meunerie. La Boulangerie. La Pâtisserie et la Biscuiterie. Les Animaux de boucherie. La Charcuterie. Les Animaux de basse-cour. Les Œufs. Le Gibier.

Le Pain et la Panification, chimie et technologie de la boulangerie, par L. Boutroux, doyen de la Faculté des sciences de Besançon. 1896, 1 vol. in-16 de 360 pages, avec 50 figures, cart.......... **5 fr.**

Tableaux synoptiques pour l'analyse des farines, par Marion et Manget. 1901, 1 vol. in-18, cart......................... **1 fr. 50**

Procédés pratiques pour l'Essai des Farines. Caractères, altérations, falsifications, par D. Cauvet, professeur à la Faculté de médecine de Lyon. 1 vol. in-16, avec 74 figures.............. **2 fr.**

Emploi de la Lumière polarisée dans l'examen microscopique des farines, par Moitessier. 1866, gr. in-8, 21 p., avec 1 pl... **2 fr.**

Tableaux synoptiques pour l'analyse du lait, par Goupil. 1901. 1 vol. in-16 de 64 pages, cart.................... **1 fr. 50**

Le Lait, par le Dr Jules Rouvier, professeur à la Faculté de médecine de Beyrouth. 1896, 1 vol. in-18 jésus de 350 p., avec fig.. **3 fr. 50**

Le Lait. Études chimiques et microbiologiques, par Duclaux, professeur à la Faculté des sciences de Paris, membre de l'Institut. 2e *édition*. 1894, 1 vol. in-16 de 376 pages, avec figures.. **3 fr. 50**

Examen du Lait des Nourrices, par Gerson. 1892, gr. in-8. **3 fr.**

La Margarine et le Beurre artificiel, par Ch. Girard, directeur du Laboratoire municipal de la Préfecture de police, et J. de Brevans. 1 vol. in-16 de 172 pages.............................. **2 fr.**

Traité général d'Analyse des Beurres par Zune. 1893, 2 vol. gr. in-8 de 831 p. avec 370 figures, 86 tableaux et 14 pl...... **25 fr.**

Les Matières grasses, caractères, falsifications et essai des huiles, beurres, graisses, suifs et cires, par Beauvisage. 1891, 1 vol. in-16 de 314 pages, avec 60 fig., cartonné............................ **4 fr.**

Matières grasses en général, huiles animales, huiles végétales, huile d'olives, beurres, graisses et suifs d'origine animale, beurres végétaux, cires animales, végétales et minérales.

Traité de Distillerie, par Guichard. 1896, 3 vol. in-18 jésus de 400 pages, avec figures, cartonné.......................... **15 fr.**

I. Chimie du distillateur : matières premières et produits de fabrication......... 5 fr.
II. Microbiologie du distillateur : ferments et fermentation.................... 5 fr.
III. Industrie de la distillation : levures et alcools........................ 5 fr.

L'Alcool au point de vue chimique, agricole, industriel, hygiénique et fiscal, par Larbalétrier. 1 vol. in-16 de 312 p. et 62 fig.. **3 fr. 50**

L'Alcoométrie et les Alcoomètres, par Cros. 1896, gr. in-8, 145 pages, avec figures.................................. **3 fr. 50**

Les Eaux-de-vie et la Fabrication du Cognac, par A. Baudoin, directeur du Laboratoire de Cognac. 1893, 1 vol. in-16 de 278 pages, avec 89 figures, cartonné.................................. **4 fr.**

La fabrication des Liqueurs, par J. de Brevans, chimiste principal au Laboratoire municipal de Paris. Introduction par Ch. Girard, directeur du Laboratoire municipal. 2e *édition*, 1898, 1 vol. in-18, de 384 pages, avec 93 figures, cartonné...................... **4 fr.**

Composition des principaux types de liqueurs, par Ch. Girard, directeur du Laboratoire municipal. 1901, in-8, 15 pages..... **1 fr.**

Recherches rétrospectives sur l'art de la distillation, par J. Dujardin. 1901, gr. in-8, 236 pages avec figures........... **10 fr.**

ENVOI FRANCO CONTRE UN MANDAT POSTAL

www.ingramcontent.com/pod-product-compliance
Ingram Content Group UK Ltd.
Pitfield, Milton Keynes, MK11 3LW, UK
UKHW051022210726
13857UKWH00007B/1235

9 782013 034814